Schwarmintelligenz

Heiko Hamann

Schwarm-intelligenz

Heiko Hamann
Institut für Technische Informatik
Universität zu Lübeck
Lübeck, Deutschland

ISBN 978-3-662-58960-1 ISBN 978-3-662-58961-8 (eBook)
https://doi.org/10.1007/978-3-662-58961-8

Die Deutsche Nationalbibliothek verzeichnet diese Publikation in der Deutschen Nationalbibliografie; detaillierte bibliografische Daten sind im Internet über http://dnb.d-nb.de abrufbar.

Springer Spektrum

Planung/Lektorat: Stephanie Preuß
Einbandabbildung: deblik, Berlin

Springer Spektrum ist ein Imprint der eingetragenen Gesellschaft Springer-Verlag GmbH, DE und ist ein Teil von Springer Nature
Die Anschrift der Gesellschaft ist: Heidelberger Platz 3, 14197 Berlin, Germany

Vorwort

Die Schwarmintelligenz fasziniert, weil wir verstehen wollen, wie die Ameisen es schaffen, tausende Arbeiterinnen zu organisieren, sodass ein funktionierender Ameisenstaat entsteht. Aus dem Tierreich ist die Vielzahl an sozialen Insekten, z. B. Honigbiene, Termite und Wespe, zu nennen, aber auch ein Vogelschwarm und eine Schaf- oder Büffelherde scheinen auf besondere Weise organisiert zu sein. Ingenieure haben sich Prinzipien des Schwarmverhaltens abgeschaut und versuchen, künstliche Schwarmsysteme in Software und Hardware zu bauen. Der Vorteil liegt auf der Hand: Eine große Gruppe kleiner und einfacher technischer Geräte ist ausfallsicher und eventuell besser zu handhaben. Jedoch erzeugen die Ideen von Roboterschwärmen auch Ängste, die einerseits durch die Science-Fiction-Literatur bedient werden, andererseits angesichts der fortschreitenden Automatisierung der Kriegstechnik auch nicht immer unberechtigt zu sein scheinen. Der Begriff der Schwarmintelligenz wird fälschlicherweise auch auf den Menschen bezogen, etwa im Zusammenhang mit Wikipedia, sogenannten Shitstorms oder einer Marktblase. Man scheint hier zu vergessen, dass es sich um einen wohl definierten, technischen Begriff handelt und der Mensch als Wesen mit ausgeprägten kognitiven Fähigkeiten nicht mit dem Verhalten eines Insekts vergleichbar ist. Trotzdem werden wir sehen, dass selbst der Mensch in seltenen Fällen Schwarmverhalten zeigen kann.

Hinter der etwas oberflächlichen Faszination des „Wie machen diese Tiere das?“ steckt eine noch viel spannendere wissenschaftliche Frage: Wie können viele einfache Teile zusammenwirken, sodass ein höheres Ganzes entsteht? Es ist die alte Feststellung von Aristoteles: Das Ganze ist mehr als die Summe seiner Teile. Kann ein Ameisenstaat intelligenter als eine Ameise sein? Das ist eine Frage, die uns auf eine lange Reise schickt. Wunderbar hat Douglas R. Hofstadter in seinem Buch *Gödel, Escher, Bach* diesem Faszinosum nachgejagt. So kommen wir wieder auf den Menschen zurück. Kann ein Team kreativer als ein Einzelner sein? Wie kommt es, dass ein Gehirn intelligenter als ein Neuron ist?

Selbst wenn wir uns hier auf Schwärme beschränken, arbeiten wir in unserem Erkenntniswunsch und in unseren Schwarmmodellen doch immer an der großen Frage, wie aus einem Einfachen etwas Komplexes entstehen kann. Kann man aus unzuverlässigen Teilen ein zuverlässiges System bauen? Gibt es Systeme, die man beliebig groß machen kann? Gibt es effiziente Methoden, um gemeinsam, fair, schnell und genau zu entscheiden, von denen wir noch nichts wissen? Wir haben also viele Fragen. Ich hoffe, wir können ein paar beantworten.

Auch dieses Buch hätte ohne vielfältige Hilfe von vielen Seiten nicht entstehen können. Hier möchte ich nur in aller Kürze herzlichen Dank an Herrn Prof. Dr. Thomas Schmickl senden für sehr hilfreiche Ideen und Hinweise zu einer Vorversion des Manuskripts. Ich möchte mich bei Frau Dr. Stephanie Preuß, die dieses Buchprojekt überhaupt erst angestoßen hat, und Frau Anja Dochnal von Springer Spektrum bedanken. Die Zusammenarbeit war sehr konstruktiv und motivierend.

Prof. Dr.-Ing. Heiko Hamann
Lübeck
11. Februar 2019

Inhaltsverzeichnis

Serviceteil

Abbildungsverzeichnis

Biologische Grundlagen

H. Hamann, *Schwarmintelligenz*,
https://doi.org/10.1007/978-3-662-58961-8_1

Zu Beginn definieren wir wichtige Begriffe zur Beschreibung des Verhaltens von Tieren, Software-Agenten und Robotern. Dann lernen wir einige Beispiele von Verhalten bei sozialen Insekten kennen. Abschließend überlegen wir, ob auch manche menschlichen Verhaltensweisen mit dem Begriff der Schwarmintelligenz beschrieben oder erklärt werden können.

Der Begriff des Schwarms und damit auch die Schwarmintelligenz repräsentieren eine konzeptionelle Sichtweise, die auf bestimmte ideale Grundprinzipien fokussiert ist. Vieles ist daher abstrahiert und es mag dadurch ein simplifizierendes Bild z. B. der Ameise entstehen. Jedoch sind die Biologie und das Verhalten sozialer Insekten erstaunlich komplex und die Robotik ist noch weit davon entfernt, etwas auch nur annähernd ähnlich Komplexes konstruieren zu können. Umso faszinierender ist es, dass selbst die idealisierten und einfachen Methoden der Schwarmintelligenz bereits so erfolgreich sind.

Dies kann kein biologisches Lehrbuch im eigentlichen Sinne sein, da wir hier alles mit einem interdisziplinären Blick aus der Perspektive der Biologie und der Informatik betrachten. Einen schnellen Überblick über die biologischen Grundlagen findet man bei Schmickl (2009). Am Ende dieses Kapitels in ► Abschn. 1.4 findet man zudem, wie bei jedem Kapitel in diesem Buch, Hinweise auf weiterführende Literatur.

1.1 Verhalten, Agenten, Multi-Agenten-Systeme

Zu Beginn müssen wir ein paar Definitionen abarbeiten, damit wir gute Bezeichnungen für unsere zu untersuchenden Akteure haben und für das, was sie tun. Anschließend betrachten wir einige Beispiele aus der Tierwelt – von Ameisen über die Honigbiene und Termite bis zur Heuschrecke. Abschließend beschäftigen wir uns kurz mit der Frage, ob Schwarmverhalten und Schwarmintelligenz auch beim Menschen auftreten können.

1.1.1 Verhalten

Der Begriff Verhalten entstammt der Alltagssprache, ist hier aber als technischer Begriff der Verhaltensbiologie zu verstehen.

Als **Verhalten** eines Tieres gilt alles, was äußerlich mit und ohne technische Hilfsmittel wahrnehmbar ist. Vorrangig sind das Bewegungen des Körpers, es können aber auch spezielle Körperhaltungen, Veränderungen der Körperoberfläche (z. B. farblich) oder andere Interaktionen mit der Umwelt sein (z. B. Absonderung von Chemikalien).

Die Verhaltensbiologie unterscheidet in Verhaltensweisen und Verhaltensmuster. Verhaltensweisen sind voneinander unterscheidbare, beobachtbare Bewegungsabläufe. Diese werden für eine bestimmte Tierart in einem Ethogramm zusammengefasst. Dies entspricht dem Repertoire an beobachtbaren bzw. möglichen Bewegungsabläufen und dient im Experiment einer einfachen Zuordnung beobachteter Verhalten. Verhaltensmuster sind dann auf der nächsten Stufe beobachtbare Abfolgen von Verhaltensweisen. Schwarmverhalten ist daher ein komplexes Verhaltensmuster.

In der Informatik oder mobilen Robotik entspricht das Verhalten einem (Software-) Modul, das eine in sich abgeschlossene Funktion erfüllt. Ein klassisches Beispiel ist das Kollisionsvermeidungsverhalten eines mobilen Roboters. Der Roboter bedient sich seiner Sensoren, um Hindernisse frühzeitig zu erkennen und dann per Drehung eine Kollision zu vermeiden. Dem Ethogramm würde also die Menge der Verhaltensmodule des Roboters entsprechen. Oft wird in der Robotik das Verhalten feingranular in einzelne Aktionen unterschieden. So kann man meist eine Menge an verfügbaren Aktionen aufführen, z. B. Geradeausfahrt, Links-Drehung, Rechts-Drehung oder Schließen des Greifers.

Da sich in der Informatik genau kontrollieren lässt, welcher Vorgehensweise der Roboter folgt, werden verschiedene Verhaltensklassen unterschieden. Ein wichtiger Vertreter ist hierbei das reaktive Verhalten. Ein Roboter agiert reaktiv, wenn er kein Gedächtnis (also keinen Speicher) hat und somit direkt auf die Eingaben durch die Sensoren reagiert. Insbesondere kann ein reaktiv agierender Roboter auf die exakt gleiche Sensoreingabe auch immer nur exakt gleich reagieren.

In der Psychologie versteht man unter reaktivem Verhalten eine Verhaltensweise, die durch einen bestimmten Reiz hervorgerufen wird. Man kann reaktives Verhalten so auch als ein festes Reiz-Reaktions-Muster ansehen, was wiederum recht genau dem Konzept aus der mobilen Robotik entspricht. Denn hier kann man eine Sensoreingabe als Reiz interpretieren und die Reaktion des Roboters entspricht dann einem Verhalten.

1.1.2 Agent

In der Informatik bezieht sich der Begriff Agent auf eine Hardware- und/oder Software-Einheit, die auf autonome Weise vorgegebenen Zielen folgt. Autonom heißt hier, dass der Agent zur Verfügung stehende Aktionen unter Berücksichtigung von Eingaben und Modellen selbstständig abwägen und auswählen kann, um zielorientiert zu agieren. Der VDI-Richtlinie VDI/VDE 2653 ist folgende Definition entnommen:

> „Ein technischer **Agent** ist eine abgrenzbare (Hardware- oder/und Software-) Einheit mit definierten Zielen. Ein technischer Agent ist bestrebt, diese Ziele durch selbstständiges Verhalten zu erreichen und interagiert dabei mit seiner Umgebung und anderen Agenten."

Der Agent kann ein reiner Software-Agent oder ein verkörperter Agent sein, also Roboter. Für uns ist der Roboteraspekt interessanter, aber wir können Roboter (oder Tiere) natürlich auch lediglich simulieren.

Russell und Norvig (1995) definieren mehrere Klassen von Agenten mit verschiedenen Komplexitäten und Fertigkeiten. Das einfachste Agentenmodell ist der Reflexagent (siehe ◼ Abb. 1.1). Der einfache Reflexagent folgt nur simplen Wenn-Dann-Regeln, die bestimmen, wie er sich verhält (z. B. „Wenn der Näherungssensor 5 einen Wert von weniger als 33 hat, dann drehe nach links.“). Dies ist ein rein reaktives Verhalten, da der Agent direkt auf seine Wahrnehmung reagiert (also reflexartig). Eine Historie von Abfolgen von Wahrnehmungen wird nicht berücksichtigt. Daher könnte der Agent ungewollt in ein repetitives Verhalten verfallen und sich so selbst blockieren. Die zweite Agentenklasse sind die modellbasierten Reflexagenten. Diese Agenten haben bereits einen inneren Zustand, der es ihnen erlaubt, prinzipiell verschieden auf die exakt gleiche Wahrnehmung zu reagieren. Die Verhaltensweise dieser Agenten wird noch immer über Wenn-Dann-Regeln bestimmt, aber nun unter Berücksichtigung der Historie an Wahrnehmungsfolgen. Der innere Zustand kann etwas Einfaches sein, z. B. könnte der Agent den inneren Zustand lediglich zum Zählen verwenden. Ein innerer Zustand

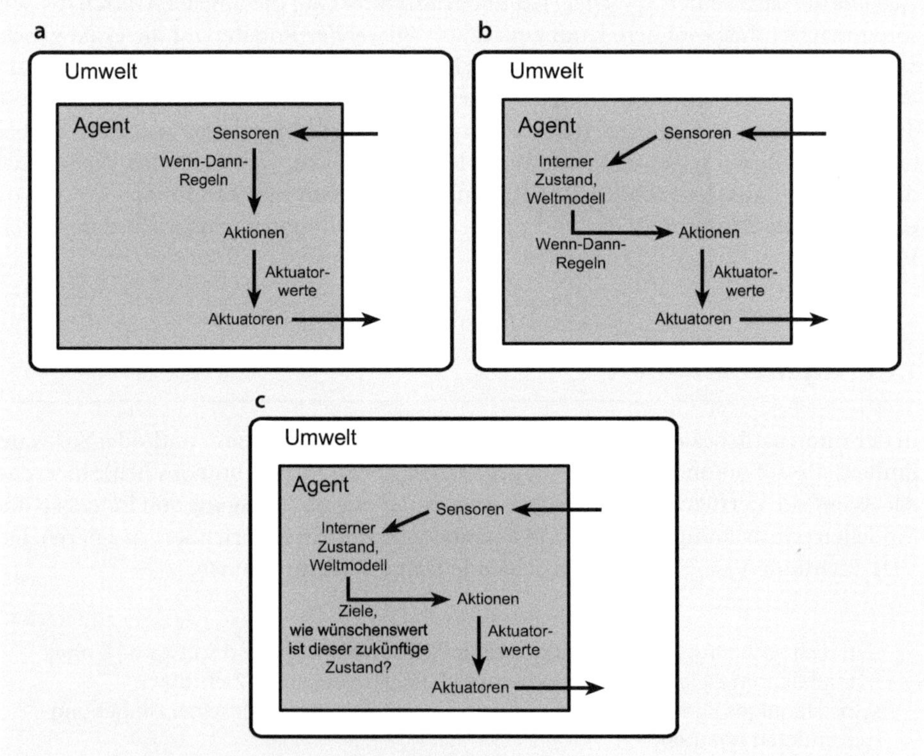

◼ **Abb. 1.1** Agentenmodelle nach Russell und Norvig (1995): **a** Reflexagent, **b** modellbasierter Reflexagent, **c** zielbasierter Agent

könnte aber auch etwas Komplexes wie eine Karte der Umgebung mit Lokalisierung der eigenen Position sein. Übergeordnete Agentenmodelle (z. B. der zielbasierte Agent und der lernende Agent) beinhalten das Konzept von Zielen, sodass der Agent nicht nur festen Wenn-Dann-Regeln folgt, sondern die Auswahl seiner Aktionen an das momentan vorgegebene Ziel anpasst.

Das Konzept der reaktiven Agenten in der Robotik steht in engem Zusammenhang mit der verhaltensbasierten Robotik (engl. behavior-based robotics) von Arkin (1998) und dem Ansatz der Subsumption-Architektur nach Brooks (1986, 1991). Diese Ansätze bieten Strukturen, um eine Mehrzahl an reaktiven Verhaltensweisen softwaretechnisch zu kombinieren und daraus komplexere Verhaltensmuster zu erstellen.

1.1.3 Multi-Agenten-System und Interaktion

Wenn wir den Schritt von einem einzelnen Agenten zu zwei oder mehreren Agenten machen, dann kommen wir zu Multi-Agenten-Systemen (die wir hier nicht explizit definieren) und es stellt sich die Frage nach der Interaktion. Wie können Agenten zusammenwirken und miteinander interagieren? Wir unterscheiden in direkte und indirekte Interaktion. Nach Bonabeau et al. (1999) ist direkte Interaktion das offensichtliche Interagieren zwischen Agenten oder sozialen Insekten, z. B. das gegenseitige Berühren mit den Fühlern, Trophallaxis (Austausch von Futter oder Flüssigkeiten), Kontakt mittels der Mandibeln (Mundwerkzeuge), visueller Kontakt oder chemischer Kontakt (der Geruch naher Tiere). Indirekte Interaktion ist nicht so offensichtlich. Zwei Individuen interagieren indirekt miteinander, wenn eines die Umwelt verändert und das andere Individuum zu einem späteren Zeitpunkt auf diese Umweltveränderung reagiert. Das nennen wir Stigmergie, die wir in ▸ Abschn. 2.4 besprechen. Stigmergie ist elementar für Schwarmverhalten, wird aber schnell übersehen, da Aktion und Reaktion zeitlich versetzt sind.

Das Zusammenwirken einiger Agenten durch eine Vielzahl an Interaktionen kann dem Schwarm als Ganzes Fähigkeiten verleihen, die über die Fähigkeiten des Individuums hinausgehen. So kann ein Schwarm von Ameisen kürzeste Wege zwischen Futterquelle und Nest finden, was wohl oft über die Fähigkeit einer Einzelameise hinausgeht. Ein weiteres Beispiel ist die sogenannte kollektive Wahrnehmung (engl. collective perception), die es dem Schwarm ermöglicht, viele einzelne Sinneswahrnehmungen zu vereinigen. So kann der Schwarm beispielsweise die Menge von Futter auf einer größeren Fläche ermitteln und dann gezielt zwischen mehreren Bereichen entscheiden. Dieses interessante Konzept wurde bereits auf Schwarmrobotern getestet (Schmickl et al. 2007; Valentini et al. 2016a). Für die Roboter gilt dabei das Gleiche. Jeder Roboter führt lokal Messungen durch, die er dann mit seinen Nachbarn teilt, die wiederum die Daten mit ihren eigenen Messungen verbinden und weiterleiten. Über die Zeit verbreitet sich im Schwarm die gesammelte Information, auf die jeder einzelne Roboter dann lokal reagieren kann.

Daher sind direkte und indirekte Interaktionen zwischen Agenten im Schwarm elementare Bestandteile, die dem Schwarm als Ganzes überhaupt erst intelligentes Verhalten ermöglichen. Was bei natürlichen Schwärmen undenkbar wäre, kann man mit

Roboterschwärmen austesten: nicht oder kaum interagierende Robotergruppen. Denkt man beispielsweise an Reinigungsarbeiten, dann könnte ein Roboterschwarm die anliegende Arbeit auch einfach parallelisieren, d. h. jeder Roboter reinigt einen Teilbereich. Außer der anfänglichen „Absprache", wer welchen Bereich übernimmt, ist so keine weitere Koordination und Interaktion notwendig. Ingenieurtechnisch mag das ein guter Ansatz sein, schließlich wird die Komplexität des Systems dadurch gering gehalten und die Aufgabe wird trotzdem schnell erledigt. Was ist aber, wenn ein Roboter ausfällt und seine Aufgabe nicht erledigt? Dann müssten die anderen Roboter zuerst davon erfahren. Dazu müssten die Roboter am Ende alle Teilbereiche und Räume kontrollieren, ob diese auch gereinigt worden sind. Werden ausgefallene Roboter und dreckige Räume gefunden, dann ist wiederum Interaktion notwendig, um eine erneute Arbeitsaufteilung vorzunehmen. Anhand dieses simplen Beispiels ist also schon klar, dass wir einen verlässlich agierenden Schwarm nur durch intensive Interaktion zwischen den Agenten erhalten können. Insbesondere wird Interaktion benötigt, wenn wir über reine Parallelisierung der Aufgabe hinausgehen und dem Schwarm zusätzliche Fähigkeiten verleihen wollen, welche die Fähigkeiten des Individuums überschreiten.

1.2 Soziale Insekten

Als Sozialverhalten wird jede Form von Verhalten bezeichnet, das der Verständigung innerhalb einer Art dient. Sozialverhalten sind über alle Spezien hinweg beobachtbar. Für das Sozialverhalten der sozialen Insekten wurde zur Unterscheidung nach Michener (1969) die zusätzliche Bezeichnung „eusozial" eingeführt. Ein weiteres Werk von elementarer Bedeutung hierzu hat Wilson (2000) verfasst.

Für **Eusozialität** sind folgende Eigenschaften notwendig:
- kooperative Brutpflege
- kooperative Nahrungssuche und Nahrungsverteilung z. B. durch gegenseitiges Füttern (Trophallaxis genannt, siehe ◘ Abb. 1.2 unten rechts)
- Arbeitsteilung durch Aufteilung in verschiedene Gruppen (sogenannte Kasten), die verschiedene Aufgaben erledigen
- das Zusammenleben mehrerer Generationen, typischerweise von Müttern und ihren Töchtern

Die typischen Vertreter der Eusozialität sind die sozialen Hautflügler (z. B. Bienen und Ameisen) und Termiten (siehe ◘ Abb. 1.2).

Im Folgenden stellen wir einige Beispiele aus der Tierwelt und ein Beispiel aus der Robotik vor, um etwas Erfahrung mit Schwarmintelligenz zu sammeln und die Diskussion der wichtigsten Grundkonzepte der Schwarmintelligenz im nächsten Kapitel vorzubereiten. Insbesondere betrachten wir Schwarmverhalten bei der Ameise. Unsere Beispiele sind Arbeitsteilung, Nestbau, kollektiver Transport von Objekten und kollektives Entscheiden bei der Nestsuche. Wir finden einen Schwarmeffekt bei jungen Honigbienen und betrachten einen Roboterschwarm, der kollektiv bauen kann und

Abb. 1.2 Oben links: Honigbiene (Apis melifera), oben rechts: Ameise (Crematogaster), unten links: Termite (Isoptera), unten rechts: Vier Ameisen *(Polyrhachis dives)* teilen Nahrung (Trophallaxis)

durch das Schwarmverhalten von Termiten inspiriert ist. Abschließend sehen wir, wie Schwarmgrößen sich auf die kollektive Bewegung bei Heuschrecken auswirkt.

1.2.1 Ameisenstaaten

Wie bei allen sozialen Insekten, finden wir auch bei der Ameise eine Vielzahl an hochinteressanten und komplexen Verhaltensmustern. Von besonderer Faszination ist dabei der Aspekt, dass meist der Blick des Individuums für das große Ganze fehlt und dennoch eine geeignete kooperative Abstimmung zwischen den Einzeltieren erfolgt, sodass insgesamt passende Gesamtmuster mit ausreichender Effizienz entstehen. Beispiele sind die Arbeitsteilung, der Nestbau, der kooperative Transport und das kollektive Entscheiden.

Arbeitsteilung

Durch die Komplexität der notwendigen Aufgaben in Ameisenstaaten und insbesondere in großen Schwärmen wird Arbeitsteilung notwendig und effizient. Durch Arbeitsteilung entsteht das Problem der Arbeitsverteilung, d. h. wem welche Aufgabe zugeteilt wird. Da diese Zuteilung im Normalfall adaptiv, also den aktuellen Bedürfnissen der

Kolonie und den Umweltbedingungen angepasst sein muss, muss jedes Individuum einem lokalen Prozess folgen, um die Arbeitsteilung auf Basis von lokalen Informationen selbstorganisiert durchzuführen. Zur Arbeitsteilung gibt es eine Vielzahl an Modellen in der Literatur (Beshers und Fewell 2001). Wir müssen uns hier aber auf eine kleine Auswahl an Beispielen beschränken.

Bonabeau et al. (1996) haben ein Modell vorgestellt, das die Arbeitsverteilung mittels einfacher Schwellwerte regelt. Dabei ist die Annahme, dass Individuen auf aufgabenbezogene Reize anhand einer Ansprechschwelle reagieren. Wenn die Intensität eines bestimmten Stimulus die Ansprechschwelle des Individuums überschreitet, dann wechselt das Individuum, z. B. eine Ameise, mit hoher Wahrscheinlichkeit auf diese Aufgabe. Wenn die Individuen verschiedener Verhaltenskasten verschiedene Ansprechschwellen haben und die Schwellwerte über bestimmte Zeiten unverändert bleiben, dann hat dieses Modell eine gute Entsprechung zu den Beobachtungen. Wir modellieren die Wahrscheinlichkeit, dass ein Individuum i seine Aufgabenzuordnung X_i von Aufgabe A auf Aufgabe B wechselt, mittels der Funktion

$$P(X_i = A \to X_i = B) = \frac{s^2}{s^2 + \theta_i^2}. \tag{1.1}$$

Hierbei steht s für die Stärke des aufgabenspezifischen Stimulus und θ für die Wahrscheinlichkeit, dass das Individuum, das einem Stimulus ausgesetzt ist, darauf reagiert (Bonabeau et al. 1996). ◘ Abb. 1.3 zeigt beispielhaft die Wahrscheinlichkeiten $P(X_i = A \to X_i = B)$ für $\theta_i = 0{,}5$. Bonabeau et al. (1996) vergleichen Ergebnisse aus Simulationen, die diesem Modell folgen, mit Ergebnissen aus Experimenten mit *Pheidole: P. guilelmimuelleri* und *P. pubiventris* und erhalten sehr gute qualitative Übereinstimmungen.

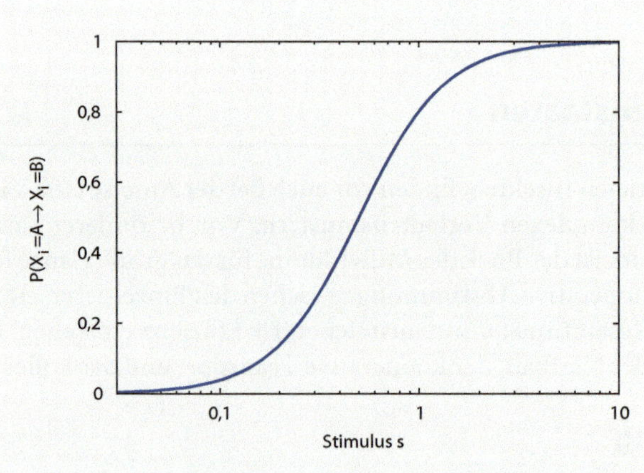

◘ **Abb. 1.3** Schwellwertmodell der Aufgabenverteilung nach Bonabeau et al. (1996): Wahrscheinlichkeit $P(X_i = A \to X_i = B)$ für einen Aufgabenwechsel von Aufgabe A auf Aufgabe B eines betrachteten Individuums i unter dem Einfluss eines Stimulus s (ohne Einheiten) und der Wahrscheinlichkeit $\theta_i = 0{,}5$ auf den wahrgenommenen Stimulus zu reagieren. Beachte die logarithmische Skalierung der horizontalen Achse

Ein weiteres Modell für Arbeitsteilung ist das Common-Stomach-Modell (dt. gemeinsamer Magen) nach Karsai und Schmickl (2011). Beim Nestbau von Wespen (hier *Metapolybia mesoamerica*) gibt es drei wichtige Aufgaben: Sammeln von Wasser, Sammeln von Zellstoff und der eigentliche Nestbau. Für den Nestbau wird ein papierartiges Material aus Zellstoff benötigt. Diesen sammeln Zellstoffsammlerinnen ein und übergeben ihn an die Nestbauerinnen (siehe ◘ Abb. 1.4). Die Zellstoffsammlerinnen benötigen jedoch Wasser, um mit dem Zellstoff einen Papierbrei für den Bau herzustellen. Dafür gibt es Wassersammlerinnen. Eine weitere Gruppe sind freie Arbeiterinnen. Diese übernehmen von den Wassersammlerinnen das Wasser, speichern es in ihrem Kropf und übergeben es wiederum an die Zellstoffsammlerinnen. Nach Karsai und Schmickl (2011) trifft der Schwarm kollektive Entscheidungen auf Basis des Wasserfüllstandes in der Subpopulation der freien Arbeiterinnen, also der Füllstand des Common Stomach. Die Menge des Wassers verteilt über alle freie Arbeiterinnen fungiert so als Informationszentrum, das den Schwarm darüber informiert, ob die momentane Arbeitsteilung ausgewogen ist; denn wenn sich zu viele Arbeiterinnen auf eine Aufgabe konzentrieren, fehlt es entweder an Wasser oder Zellstoff oder das eigentliche Bauen geht nicht schnell genug voran.

Es ist bemerkenswert, dass das Common-Stomach-Modell nach Schmickl und Karsai (2018) ohne nichtlineare Schwellwertfunktion auskommt. Wir folgen hier aber einer anderen, etwas einfacheren und üblicheren Variante nach Hamann et al. (2013). Wenn wir den Füllstand des Common Stomach zur Zeit t mit $s(t)$ bezeichnen, den Anteil der freien Arbeiterinnen am Schwarm mit $f(t)$ und den Anteil der Wassersammlerinnen mit $w(t)$, dann können wir den Aufgabenwechsel einer *freien Arbeiterin i* zur *Wassersammlerin* modellieren als

$$P(X_i = F \rightarrow X_i = W, t) = f(t)\theta(1 - s(t)) \tag{1.2}$$

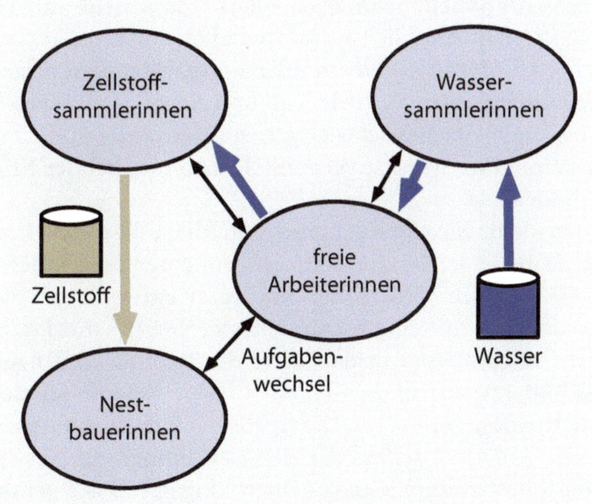

◘ **Abb. 1.4** Common-Stomach-Modell für den Nestbau bei Wespen nach Karsai und Schmickl (2011)

mit einer Schwellwertfunktion θ, die typischerweise nichtlinear als Sigmoidkurve gewählt wird

$$\theta(x) = 1 - \frac{1}{1 + e^{cx - c/2}}. \tag{1.3}$$

Die Konstante c bestimmt die Steigung der Kurve (Hamann et al. 2013). Wie ist Gl. 1.2 zu interpretieren? Bei einem leeren Magen $s(t) = 0$ und vielen freien Arbeiterinnen $f(t)$ werden also viele freie Arbeiterinnen auf das Sammeln von Wasser wechseln. Bei einem vollen Magen $s(t) = 1$ oder bei sehr wenigen freien Arbeiterinnen werden keine Arbeiterinnen wechseln. Was hier aus Schwarmsicht modelliert wird, muss natürlich im Schwarm aus der Summe einzelner Entscheidungen der Individuen entstehen. So kann z. B. eine freie Arbeiterin mit leerem Magen einen Aufgabenwechsel zur Wassersammlerin durchführen und agiert damit dem Füllstand des Common Stomach folgend. Für ein vollständiges Modell müssten noch bestimmte Parameter und Gleichungen für alle möglichen Übergänge ergänzt werden. Mit dem Common-Stomach-Modell lassen sich bekannte Schwarmeigenschaften wie Effizienz, Robustheit und Adaptivität nachweisen. Insbesondere ist interessant, dass das mehrfache Verwenden von Informationen zu Synergien führen kann. Bei der Ausführung der zugewiesenen Aufgabe kann eine Wespe lokal Informationen erhalten, die dann auch zur Regulation der Arbeitsteilung genutzt werden kann.

Nestbau

Als Beispiel für den Nestbau nehmen wir die Studie von Franks et al. (1992b) über die Ameisenspezies *Leptothorax (Myrafant) tubero-interruptus,* die ihre Nester in kleinen Felsspalten baut. Daher muss sie weder ein Dach noch einen Boden bauen, sondern nur eine umfängliche kreisförmige Mauer (Franks und Deneubourg 1997). Die zentrale wissenschaftliche Frage ist, wie diese Ameisen ohne ein zentrales Steuerelement kunstvolle Bauten errichten können. Schließlich agiert jede Ameise nur reaktiv und lokal. Einen zentralen Bauplan gibt es höchstwahrscheinlich nicht. Interessanter als der Mauerbau von *Leptothorax (Myrafant) tubero-interruptus* wären komplexere dreidimensionale Bauten, die Kammern, Gänge, sowie Auf- und Abgänge miteinander kombinieren. Diese sind aber um ein vielfaches schwieriger zu beobachten und zu untersuchen. Die gleichen Wirkprinzipien werden wir vermutlich auch hier bei der Konstruktion einfacher Mauern vorfinden.

Als Nest dienten kleine Kästchen aus gläsernen Mikroskop-Objektträgern im „Sandwich" mit Pappe. Dabei entsteht eine Kammer mit einer Deckenhöhe von 1 mm und einer Fläche von $50 \times 75\ \text{mm}^2$. Die Hohlräume waren entweder mit Baumaterial gefüllt (industrielle Schleifkörner mit einem Durchmesser von 0,5 mm) oder leer. In beiden Fällen aggregierten die Ameisen in der Mitte des Raumes und bauten kreisförmige Mauern (siehe ◘ Abb. 1.5). Dabei dienten der Cluster der aggregierten Ameisen wohl als Vorlage für die Umrisse der Mauer. Die Größe der umschlossenen Fläche korrelierte mit der Anzahl der Ameisen, sodass die Ameisen immer ein Nest passender Größe bauten. Die Mauern hatten immer genau einen Eingang. Das eigentlich Bauverhalten ist recht einfach. Ameisen bringen das Baumaterial herein, gehen auf den Cluster der Ameisen zu, drehen sich dann um, und legen das Material ca. eine Körperlänge entfernt

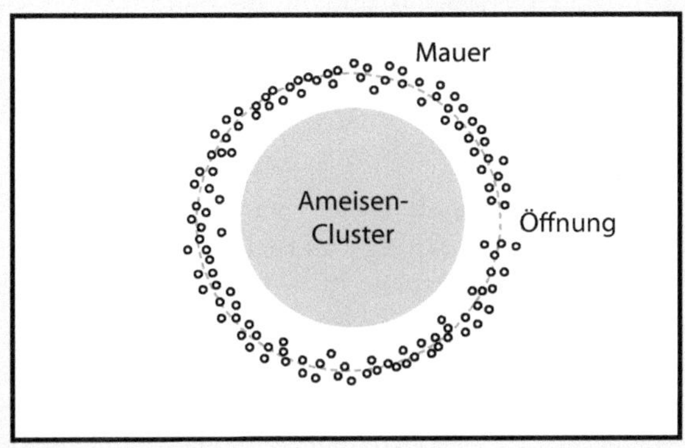

■ **Abb. 1.5** Nestbau bei *Leptothorax (Myrafant) tubero-interruptus* nach Franks et al. (1992b). Innerhalb der Gesamtfläche mit Abmessungen von 50 × 75 mm^2 bildet sich ein Cluster aggregierter Ameisen, der als Vorlage zum Bau der kreisförmigen Mauer genutzt wird. Baumaterial sind industrielle Schleifkörner mit einem Durchmesser von 0,5 mm

davon ab bzw. legen es neben bereits platziertes Material. Dabei schieben sie bereits abgelegte Körner wie Bulldozer zusammen. Dies kann an mehreren Stellen unabhängig voneinander geschehen, aber bereits recht breite Mauerstücke haben die Tendenz, schneller als andere Teile zu wachsen. In bereits mit Baumaterial gefüllten Nestern dient das Bulldozing dazu, zunächst einen Freiraum zu schaffen. Das Bulldozing halten Franks et al. (1992b) für ein gutes Beispiel, wie Ameisen mit einfachen Verhalten recht komplexe Aufgaben lösen können. Die Ameisen können mit dem Bulldozing-Verhalten wohl die Dichte an Baumaterial an der Stelle abschätzen und so einerseits die passende Stelle zum Ablegen des Materials bestimmen als auch bestehende Mauern reparieren.

Kollektiver Transport

Eine Vielzahl an Ameisenspezien transportieren größere Objekte kooperativ, die ein Individuum allein nicht bewegen könnte (McCreery und Breed 2014; Robson und Traniello 1998; Berman et al. 2011b; Kube und Bonabeau 2000). Ein effizienter kollektiver Transport erfordert Koordination. Einige Spezien sind jedoch erstaunlich ineffizient beim Transport. So kann der Transport recht probabilistisch ablaufen, d. h. die beteiligten Ameisen gehen nicht immer kooperativ vor und es entstehen Blockierungen. Von kollektivem Transport kann man sprechen, sobald eine vorherrschende, gezielte Richtung beobachtbar ist. Nach McCreery und Breed (2014) erfolgt der kooperative Transport in vier Phasen. In der Entscheidungsphase findet eine Futtersucherin Futter, das zu groß ist als dass sie es alleine transportieren könnte. Sie muss sich dann entscheiden, andere Helferinnen zu rekrutieren (falls die Spezies aktiv rekrutiert). In der Rekrutierungsphase muss die Futtersucherin ggf. zurück zum Nest gehen, um zu rekrutieren, es könnten weitere Ameisen aber auch durch das Futter angelockt werden oder die Rekrutierung beruht auf der zufälligen Ansammlung weiterer Helferinnen. In der Organisationsphase erhalten die Ameisen Rollen (z. B. Transport, Rekrutierung, Kundschafter) und richten sich aus (z. B. vorne ziehen, hinten anheben/schieben).

Unter Umständen erfolgt eine Abschätzung der benötigten Gruppengröße anhand der Größe des zu transportierenden Futters. In der Transportphase erfolgt dann der eigentlich Transport hin zum Nest.

Kollektives Entscheiden

Immer wenn die Ameisenkolonie als Ganzes vor die Wahl gestellt wird, müssen die Ameisen kollektiv zu einer Entscheidung kommen. Das kollektive Entscheiden kommt z. B. zum Zuge bei der Wohnungssuche, d. h. wenn die Kolonie ein neues Nest benötigt. Franks et al. (2003) haben diese Nestsuche für die Spezies *Leptothorax albipennis* untersucht und dabei einen „Speed-versus-Accuracy-Tradeoff" (auf deutsch etwa „Geschwindigkeits-Genauigkeits-Kompromiss") festgestellt. Es gibt also zwei sich wechselseitig ausschließende Herangehensweisen beim Entscheiden: Entweder entscheidet man sich schnell, aber dann ist die Genauigkeit der Entscheidung mangelhaft, oder man entscheidet sich langsam, um eine höhere Genauigkeit zu erhalten. Wir werden in ► Kap. 5 und im Detail in ► Abschn. 5.4.1 auf den Speed-versus-Accuracy-Tradeoff eingehen. Hier beschränken wir uns auf die Beschreibung des Verhaltens dieser Ameise. *Leptothorax albipennis* baut ihr Nest z. B. in Felsspalten. Wenn das alte Nest zu klein wird oder zerstört wurde, dann muss die Kolonie ein neues geeignetes Nest finden. Der Migrationsprozess ist sehr strukturiert und erfolgt in drei Phasen: Exploration, Entscheidungsfindung und eigentliche Migration. Der Speed-versus-Accuracy-Tradeoff entsteht, weil das Sammeln von Informationen über mögliche neue Nestplätze und die Verarbeitung dieser Informationen zeitaufwändig sind. Die Entscheidung wird über sogenanntes „Quorum sensing" (Erkennen einer beschlussfähigen Mindestanzahl) getroffen. Dabei zählt die Anzahl der Ameisen im potenziell neuen Nest. Wenn diese Anzahl eine bestimmte Schwelle überschreitet, dann wird dieses Nest ausgewählt, indem eine Rekrutierung mit maximaler Geschwindigkeit stattfindet.

Franks et al. (2003) hielten die Ameisen ähnlich wie bei der Studie des Nestbaus in kleinen Kästchen aus gläsernen Mikroskop-Objektträgern im „Sandwich" mit Pappe. Um eine Migration zu provozieren, wurde das Glasdach des Nests entfernt. Es wurden nun verschiedene Versuche durchgeführt. In einem Experiment wurde eine Migration unter gutartigen Bedingungen untersucht, indem in 6 cm Entfernung ein neues Nest platziert wurde. In einem anderen Experiment wurde eine Migration unter widrigen Bedingungen untersucht, indem ein konstanter Luftstrom über das alte, zerstörte Nest geführt wurde. In zwei weiteren Experimenten wurden die oben genannten gutartigen und widrigen Bedingungen wiederholt, jedoch nun als Auswahlexperiment mit zwei neuen möglichen Nestern: ein besseres mit 1,6 mm Deckenhöhe und ein schlechteres mit nur 0,8 mm Deckenhöhe.

Wir gehen hier nicht alle Ergebnisse durch, sondern nur die wesentlichen Erkenntnisse. Die Ameisen wägen den Speed-versus-Accuracy-Tradeoff geschickt ab, indem der Quorum-Schwellwert von 6 bei gutartigen Bedingungen auf 3 bei widrigen Bedingungen abgesenkt wird. Auf diese Weise sinkt die benötigte Zeit für die Migration (gemessen von der Entdeckung des neuen Nests bis zum Hintragen des ersten adulten Tieres bzw. von Brut) von 12,5 min unter gutartigen Bedingungen auf 9 min unter widrigen Bedingungen. Im Auswahlexperiment wurde spätestens nach einer Stunde immer das bessere Nest ausgewählt. Jedoch wurden unter widrigen Bedingungen öfter das Tragen von adulten Tieren oder Brut zum schlechteren Nest beobachtet. Dies ist offensichtlich dem abgesenkten Schwellwert geschuldet, der aber nötig ist, um die verletzliche Kolonie schnell aus ihrem beschädigten Nest heraus zu bekommen. Also ist auch dies dem Speed-versus-Accuracy-Tradeoff geschuldet.

1.2.2 Honigbienenvölker

Die europäische Honigbiene *(Apis mellifera)* ist ein weiteres Paradebeispiel für eusoziale Insekten. Hier beschränken wir uns auf die Darstellung eines speziellen Verhaltens, das bei jungen Honigbienen (jünger als 24 h) beobachtet wird. Dieses Verhalten hängt direkt mit der Thermoregulation der Biene zusammen. Wir unterscheiden endotherme und ektotherme Tiere. Endotherme Tiere sind Säugetiere und Vögel, die ihre Körpertemperatur durch Stoffwechselprozesse selbst regulieren können. Ektotherme Tiere sind dagegen auf Wärmezufuhr aus ihrer Umwelt angewiesen. Die Honigbiene hat beschränkte endothermische Fähigkeiten, da sie durch Muskelzittern die Temperatur im Thorax erhöhen kann. Daher werden Bienen als regional heterotherme Tiere bezeichnet. Diese Fähigkeit hat der Biene vermutlich einen evolutionären Vorteil beschert. Nun zurück zu den jungen Bienen, denn diese haben noch keine endotherme Fähigkeiten. Sie könnten also potenziell auskühlen, was ihrer Gesundheit schaden könnte.

Szopek et al. (2013) untersuchten daher ein wichtiges Verhalten der jungen Biene, das sie befähigt, warme Bereiche mit der gewünschten Körpertemperatur von 36 °C aufzusuchen. Dies wurde zuvor bereits untersucht (Ohtani 1992). Überraschend war jedoch, dass Gruppen von jungen Bienen sich in einem Temperaturgradienten besser orientieren können als Einzelbienen (Kernbach et al. 2009). Dies gilt zumindest für einen „flachen" Temperaturgradienten, d. h. relativ geringe Temperaturunterschiede zwischen 31 °C und 36 °C. Grundlage ist hier eine Thermotaxis, das ist das Verhalten in diesem Fall einer Biene, sich auf wärmere Bereiche zuzubewegen.

Nach Szopek et al. (2013) waren Einzelbienen nicht fähig, den Bereich optimaler Temperatur aufzufinden. Bienengruppen hatten eine bessere Orientierung. Das ist ein ideales Beispiel für Schwarmintelligenz, da die Gruppe bessere Fähigkeiten besitzt als das Einzeltier. Ausreichend große Gruppen an jungen Bienen konnten einen suboptimalen Temperaturbereich von einem optimalen Temperaturbereich unterscheiden. Eine kleine Gruppe von sechs Bienen kam im Schnitt nur in einem aus vier Fällen zu einer kollektiven Entscheidung darüber, wo die Gruppe aggregieren sollte. Mit größeren Gruppen (24, 64, 128) kam der Schwarm immer zu einer Entscheidung und meistens (über 85 %) aggregierte die Gruppe im korrekten Bereich.

Ein als wahrscheinlich angenommenes Verhaltensmodell ist, dass Bienen in den Gruppenexperimenten sozial interagieren. Begegnet eine Biene einer anderen, dann bleibt sie zunächst sitzen. Gemäß Verhaltensmodell erfolgt in diesem Moment die Wahrnehmung der Temperatur durch die Biene. Die Dauer der Wartezeit hängt direkt mit der dort vorherrschenden Temperatur zusammen. In eher kühlen Bereichen (31 °C) verweilte eine Biene nur vier Sekunden nach Kontakt mit einer anderen, im suboptimalen, wärmeren Bereich (32 °C) bereits 9,5 s und im optimalen Bereich (36 °C) 17,5 s.

Die Idee des Gradientenaufstiegs aus diesem Verhaltensmodell mit nur gelegentlichen Messungen der Temperatur bei Begegnung zweier Agenten wurde als Konzept auch für einen Algorithmus für die Schwarmrobotik verwendet (Schmickl und Hamann 2011; Kernbach et al. 2009). Auch hier hat sich dann der Schwarmeffekt eingestellt, dass wenige Roboter die Aufgabe (aggregiere am wärmsten/hellsten Ort) nicht oder nur kaum lösen können, während eine Vielzahl an Robotern die Aufgabe gut löst.

1.2.3 Termitenstaaten

In diesem Abschnitt kommen wir nochmals auf das Thema Nestbau als biologische Inspiration für ingenieurtechnische Systeme zurück. Als Biologe könnte man sich natürlich auf den Standpunkt stellen, dass dies nicht hilft, um zu verbesserten biologischen Erkenntnissen zu gelangen. Was könnte ein Biologe von einer ingenieurtechnischen Umsetzung lernen, die lediglich vage durch ein biologisches System inspiriert ist? Grob gesprochen könnte die Lösung lauten: Nur was man selbst gebaut hat, hat man auch verstanden. So können Roboter als biologisches Modell dienen, wie das z. B. Webb (1998, 2001) sehr schön gezeigt hat.

Bei den Termiten wird u. a. in die Unterfamilie der Macrotermitinae unterschieden. Die meisten Macrotermitinae bauen beeindruckende Termitenhügel (siehe ◘ Abb. 1.6). Nach Inward et al. (2007) und deren Phylogenetik sind Termiten erstaunlicherweise eusoziale Schaben. Tatsächlich gibt es auch interessante Studien von Halloy et al. (2007) zu Schwarmrobotern in Interaktion mit Schaben.

Werfel et al. (2014) haben sich durch das Nestbauverhalten der Termiten inspirieren lassen, um ein Schwarmrobotersystem aufzubauen, das zwar keine Termitenhügel nachbauen kann, aber vordefinierte kleine burgartige Gebäude aus kleinen Quadern errichtet. Termitenvölker können mehrere Millionen Tiere umfassen, was offensichtlich eine geschickte Arbeitsteilung und Selbstorganisation erfordert. Die Bautätigkeiten der Termiten sind wie bei Ameisen (siehe ▶ Abschn. 1.2.1) ebenfalls als selbstorganisiert und dezentral einzustufen.

In Vorgriff auf ▶ Abschn. 2.4, wo wir den Begriff definieren, müssen wir noch einmal den Begriff der Stigmergie nennen. Stigmergie beschreibt ein alternatives Konzept der Kommunikation. Diese Kommunikation läuft implizit ab, und zwar indirekt über die Umwelt. Ähnlich wie bei einer Schnitzeljagd wird z. B. ein Zeichen auf den Boden aufgebracht, das einem anderen Individuum zu einem späteren Zeitpunkt als Nachricht dienen kann. Dies wäre jedoch noch in gewisserweise explizit, während man annimmt, dass dies bei den Termiten implizit stattfindet. So kann das Anfügen von Baumaterial an einer bestimmten, baulich notwendigen Stelle als Stigmergie wirken. Eine später dazukommende Termite kann den aktuellen und lokalen Stand der Baumaßnahme als Hinweis nehmen, wo das nächste Material hinzuzufügen ist (Theraulaz und Bonabeau 1995; Camazine et al. 2001). Etwas theoretischer gesprochen müsste also jeder zwischenzeitliche Bauzustand des Termitenhügels lesbar und interpretierbar für eine Termite sein, damit sie weiß, in welcher Weise weitergebaut werden muss. Dieser Idee folgend haben Theraulaz und Bonabeau (1995) ein Modell aufgestellt, das zwar sehr vereinfacht ist, aber tatsächlich diesem Konzept strikt folgt. Man kann einer

Abb. 1.6 Termitenhügel der Spezies *Nasutitermes triodiae*, ca. fünf Meter hoch, Coomalie, Nordterritorium, Australien

virtuellen Termite Regeln für alle theoretisch möglichen, lokalen Zustände des Bauvorhabens mitgeben, die ihr beschreiben, was in jedem dieser Fälle zu tun ist (z. B. Baumaterial hier ablegen oder nach links drehen und etwas weiterlaufen).

Die Herausforderung des Biologen ist es, das Verhaltensmodell des Einzeltiers aus dem beobachteten Gesamtverhalten zu extrahieren. Dabei ist das Endprodukt des Bauverhaltens, der Termitenhügel, jederzeit offensichtlich, aber eben nicht der Weg dort hin. Die Herausforderung für Werfel et al. (2014) war, für ein gewünschtes Gebäude die passenden Regeln für den Einzelagenten herzuleiten. Jedoch ist auch die Gegenrichtung relevant, wenn man die Korrektheit der gefundenen Regeln testen möchte. Dann muss man diese Regeln nutzen, um das sich ergebende Konstrukt vorhersagen zu können. Wir können also zwei Ebenen feststellen. Es gibt die Ebene des Einzelagenten mit seiner lokalen Sicht, das ist die sogenannte mikroskopische Ebene oder kurz Mikro-Ebene. Zudem gibt es die Ebene des Schwarms mit seinem Gesamtverhalten und dem dadurch entstehenden Termitenhügel, das ist die sogenannte makroskopische Ebene oder kurz Makro-Ebene (siehe ► Abschn. 4.1). Makro aus Mikro oder Mikro aus Makro herzuleiten ist das Mikro-Makro-Problem (Alexander et al. 1987; Schillo et al. 2000; Hamann 2010). Genau dieses Problem konnten Werfel et al. (2014) für ihr

Schwarmroboter-Konstruktionssystem lösen, da sie einige vereinfachende Annahmen getroffen hatten. Das Baumaterial ist, anders als bei den Termiten, normiert, es handelt sich um speziell für diesen Zweck hergestellte Quader. Wie und wo diese Quader als Baumaterial platziert werden dürfen, ist ebenfalls reguliert. Die Quader dürfen nur in einem Gitterprinzip angeordnet werden. Trotzdem gibt es noch einige Herausforderungen. Wie kann verhindert werden, dass ein Roboter sich selbst oder einen anderen Agenten einbaut? Wie kann sichergestellt werden, dass Bereiche, die bebaut werden müssen, erreichbar bleiben (Roboter müssen sich selbst eine Art Treppe aus Quadern bauen, damit sie an höher gelegene Stellen kommen)? Wie wird sichergestellt, dass die Roboter sich nicht gegenseitig behindern?

Ohne in die technischen Details des Ansatzes von Werfel et al. (2014) einzusteigen, ist zusammenfassend zu sagen, dass zu einem gewünschten Gebäude, mögliche Bewegungsabläufe berechnet werden. Dies beschreiben sie als „structpath", was einer Art Straßenverkehrsordnung für das Bauvorhaben entspricht. Bestimmte Quader und bestimmte Bereiche dürfen nur in vorgegebener Richtung abgefahren werden, was bereits eine Vielzahl möglicher Blockierungen vermeidet. Zusätzlich werden einige Nebenbedingungen aufgestellt, die unerwünschte Situationen verhindern helfen sollen. Daraus entstehen dann die notwendigen Mikro-Regeln, denen die Roboter zu folgen haben und die alle Situationen behandeln, mit denen die Roboter umgehen können müssen. Die Regeln werden von einem Compiler (Übersetzer) mittels rekursiver Suche berechnet (Testen aller potenziellen Lösungen, indem erst Teilprobleme gelöst werden und unauflösbare Teilprobleme umgangen werden, indem man auf höherer Ebene neue Ansätze testet), bevor die Roboter eingesetzt werden (was gerne als „offline" bezeichnet wird). Werfel et al. (2014) zeigen die Machbarkeit ihres Ansatzes in einem Proof-of-Concept-Experiment mit drei autonomen Robotern.

Wir hatten gefragt, was die Biologie aus diesem Ansatz lernen kann. Es ist einerseits die strukturierte Arbeitsweise, die natürlich hier nur möglich ist, weil das allgemeine Problem der selbstorganisierten Konstruktion auf eine stark vereinfachte und spezifische Variante reduziert wird. Das erlaubt aber wiederum einen direkten Einblick in die Mikro-Makro-Problematik und wie möglicherweise mikroskopische Verhalten entstehen können, die einem makroskopischen Ziel dienen bzw. makroskopische Effekte haben, die über ihre Funktionalität dem Schwarm als Ganzes Verbesserungen bringen. Durch Stigmergie können die Einzelverhalten relativ einfach bleiben, makroskopisch entsteht trotzdem die recht hohe Komplexität des Termitenbaus, der der Kolonie Schutz gibt und so einen evolutionären Vorteil bringt.

1.2.4 Heuschreckenschwärme

Die Wüstenheuschrecke *Schistocerca gregaria* gehört der Art der Wanderheuschrecken an und wir nehmen sie hier als Beispiel für kollektive Bewegung (Vicsek und Zafeiris 2012). Buhl et al. (2006) untersuchten und modellieren das Schwarmverhalten der *Schistocerca gregaria* als Nymphe (flügellos und daher zu Fuß unterwegs). Sie untersuchten insbesondere eine Hypothese, die aus Modellierungsansätzen der Physik entstanden sind. Vicsek et al. (1995) hatten festgestellt, dass sich das Verhalten eines Schwarmes (unabhängig von der Spezies) qualitativ rapide ändern kann, wenn die Dichte, d.h. wie viele Tiere sich pro Fläche aufhalten, sich ändert. Dabei ist zu beobachten, dass der Schwarm mit steigender Dichte von einem ungeordneten Zustand (keine kollektive Bewegung) in einen geordneten Zustand (kollektive Bewegung) wechselt.

Die Wüstenheuschrecke *Schistocerca gregaria* hat verheerende gesellschaftliche und ökonomische Auswirkungen, da große Schwärme die Felder abfressen und so für Ernteausfälle sorgen können. Bevor die Wüstenheuschrecken fliegen können, bilden sie als Nymphen große Gruppen mit kollektiver Bewegung. Dies sind die „Marching Bands" (Blaskapellen), die sich über einige Kilometer erstrecken können. Zur Bekämpfung dieser Plage ist es wichtig, die Marching Bands früh zu finden, da die Kontrolle der fliegenden adulten Tiere ineffizient und teuer ist.

Buhl et al. (2006) haben die Dichteabhängigkeit der Formierung von Marching Bands untersucht. Dazu haben sie Wanderheuschrecken im Labor unter kontrollierten Bedingungen in einer ringförmigen Arena laufen lassen. Im Prinzip kann der Schwarm dann nur zwei Formen einer Marching Band herausbilden: Entweder entsteht eine kollektive Bewegung im Uhrzeigersinn oder gegen den Uhrzeigersinn. Auch wenn bei einem betrachteten Einzeltier die Bewegungsrichtung nicht immer ganz eindeutig sein wird, kann man im Wesentlichen die Tiere doch auszählen und eine Anzahl von „Linksgehern" und „Rechtsgehern" bestimmen. Buhl et al. (2006) haben in derselben Arena verschieden große Heuschreckenschwärme getestet, d.h. bei gleichbleibender Fläche also verschiedene Dichten getestet. Bei geringen Dichten (fünf bis 17 Heuschrecken pro Quadratmeter, zur Berechnung der Dichte wurden nur sich bewegende Heuschrecken berücksichtigt) war nur wenig Angleichung in der Bewegungsrichtung zu beobachten. Bei mittleren Dichten (25 bis 62 Heuschrecken pro Quadratmeter) wurden lange Phasen kollektiver Bewegung beobachtet mit schnellen spontanen Richtungswechseln. Bei höheren Dichten (mehr als 74 Heuschrecken pro Quadratmeter) wurden in einem Zeitraum von 8 Stunden keine Richtungswechsel in der kollektiven Bewegung mehr beobachtet. Zur genaueren Untersuchung haben Buhl et al. (2006) ein einfaches mathematisches Modell des Verhaltens entwickelt. Die Grundannahme des Modells ist, dass sich eine Heuschrecke in ihrer Bewegungsrichtung an ihren Nachbarn orientiert. Auf dieser Annahme beruht auch die Beschreibung des Schwarmverhaltens von Vögeln (Ballerini et al. 2008; Reynolds 1987). Bazazi et al. (2008) haben jedoch festgestellt, dass die treibende Kraft der Marching Bands Kannibalismus ist. Die hungrigen Wüstenheuschrecken wären bereit, ihresgleichen zu fressen. Die Bisse der Schwarmkollegen treiben das Individuum also an, weiter zu laufen.

Ergebnisse dieses Modells sind in ◘ Abb. 1.7 zu sehen. Ähnlich wie beim biologischen System beobachten wir, dass bei geringen Dichten (Schwarmgröße $N = 21$) nur kurzzeitig kollektive Bewegung entsteht, die dann aber schnell wieder zusammenbricht, und es wird auch oft die Richtung gewechselt. Für mittlere Dichten (Schwarmgröße $N = 71$) sehen wir längere Phasen konsistenter Bewegung mit schnellen Richtungswechseln. Für hohe Dichten (Schwarmgröße $N = 101$) sehen wir dann eine einzige lange Phase kollektiver Bewegung ohne Richtungswechsel. Dies entspricht dem Verhalten im biologischen Experiment. Somit ist die Hypothese bestätigt und die Annahme aus den mathematischen Modellen nach Vicsek et al. (1995) bekräftigt. Es besteht also Hoffnung, dass man Modelle entwickeln kann, die gute Vorhersagen des Verhaltens der Wanderheuschrecken liefern könnten. Dies würde bei Heuschreckenplagen vermutlich

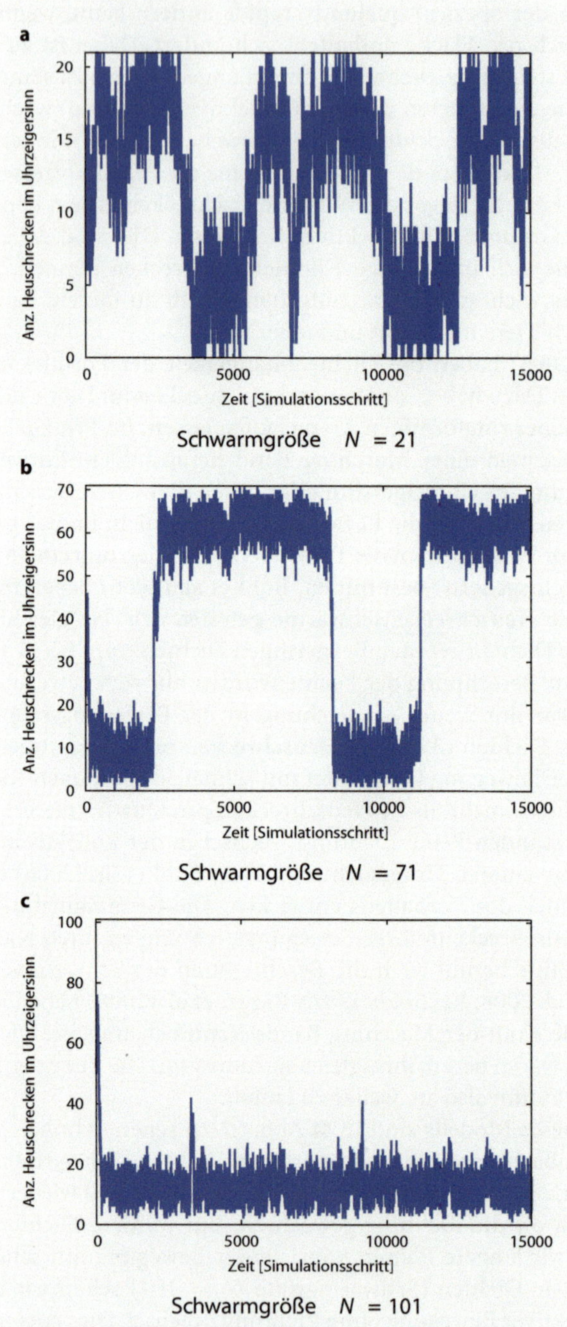

Abb. 1.7 Ergebnisse aus Simulationen mit dem mathematischen Modell nach Buhl et al. (2006): Kollektive Bewegung der Wüstenheuschrecke *Schistocerca gregaria*. Es werden sich im Uhrzeigersinn bewegende Heuschrecken in Experimenten mit verschiedenen Schwarmgrößen und damit verschiedenen Dichten gezählt

helfen, die Auswirkungen geringer zu halten. Wir kommen in ► Abschn. 5.2.2 nochmal kurz auf die Wanderheuschrecken zurück, da man kollektive Bewegung auch als kollektives Entscheiden ansehen kann. Letztlich entscheiden sich die Tiere kollektiv für eine der zwei möglichen Bewegungsrichtungen.

1.3 Schwarmintelligenz beim Menschen?

Beim Betrachten des Sozialverhaltens und Schwarmverhaltens von Schafen, Fischen, Gänsen und Insekten liegt die Frage nahe, ob ähnliches wohl auch beim Menschen zu beobachten sei. Tatsächlich haben Menschen ein ausgeprägtes Sozialverhalten. Jedoch ist der Mensch ein hochkognitives Wesen, das wohl kaum mit oben genannten Tieren vergleichbar ist und insbesondere weit komplexere Verhaltensweisen als nur reaktives Verhalten zeigt. Dennoch ist unter bestimmten Bedingungen eine Art Schwarmverhalten beim Menschen beobachtbar, z. B. in Situationen, in denen der Mensch doch nur noch reaktiv agiert. Das ist beobachtbar in Paniksituationen, wenn eine große Menschengruppe gleichzeitig einen Raum oder ein Gebiet zu verlassen versucht (siehe ◼ Abb. 1.8). Einige Unglücksfälle dieser Art sind unvergesslich geblieben, wie die Hillsborough-Katastrophe 1989 in Sheffield oder das Unglück bei der Loveparade 2010 in Duisburg. In der Hoffnung, derartige Unfälle in Zukunft vermeiden zu können, werden Paniksituationen untersucht und modelliert. Die angenommenen Verhaltensmodelle sind dabei oft simpel und ähneln den Modellen zum reaktiven Schwarmverhalten, z. B. dass modellierte Personen einfach anderen Personen folgen (Helbing et al. 2002, 2005). Aus solchen Modellen sind unter anderem bauliche

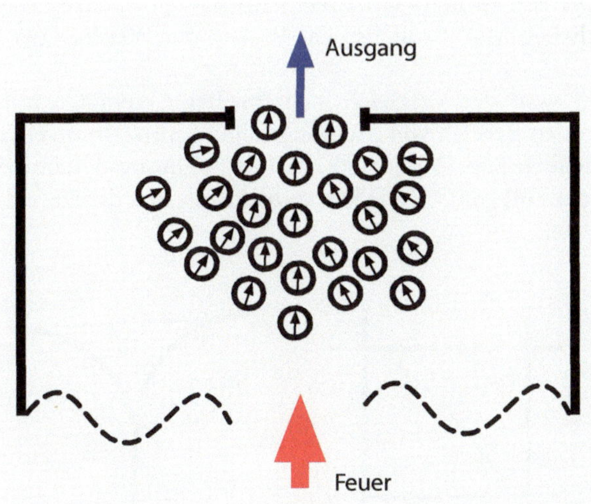

◼ **Abb. 1.8** Modellhafte Darstellung des Panikverhaltens von Menschen, die in reaktives Verhalten verfallen und dem nächstgelegenen Ausgang zustreben

Maßnahmen ableitbar, die den Strom der Menschen auch in Paniksituationen besser lenken sollen. Übrigens ist auch das Verhalten einer Schafherde, die von Schäferhunden getrieben wird, eher als Panikverhalten statt Schwarmverhalten zu interpretieren. Dicht gedrängt und mit angeglichener Bewegungsrichtung sind Schafe eigentlich nur in Gefahrensituationen unterwegs.

Ein weiteres Beispiel ist die Formierung von Pfaden durch den Menschen. Hier kann man zwar wohl nicht mehr von rein reaktivem Verhalten sprechen, da gehende Menschen normalerweise genaue Ziele verfolgen, aber es können trotzdem manche Verhalten als Schwarmverhalten modelliert werden. Hierbei dienen Spuren im Gras als Stimulus und als Bestärkung dafür, ebenfalls abzukürzen (Helbing et al. 1997a; Helbing und Molnar 1997; Helbing et al. 1997b). Die meisten möchten nicht gerne weiter als nötig gehen, sodass z. B. etwa bei Weggabelungen der fehlende dritte Weg sich durch wiederholte Abkürzungen bildet und so ein Wege-Dreieck entsteht (siehe ◘ Abb. 1.9).

Die noch brennendere Frage ist aber wohl, ob komplexere Verhaltensweisen, z. B. unser Verhalten in den sozialen Medien, manchmal als Schwarmverhalten zu verstehen sind. Da wäre zunächst die Thematik der sogenannten Weisheit der Vielen (engl. wisdom of crowds) zu nennen (Galton 1907; Surowiecki 2004). Einfach zusammengefasst ist das die Idee, dass eine Gruppe von Menschen z. B. bei Schätzfragen insofern besser als eine Einzelperson abschneiden kann, dass nämlich der Durchschnitt aller individuellen Schätzungen besser ist als die beste einzelne Schätzung. Anwendung findet diese Idee bei sog. Informations- oder Vorhersagemärkten, wie sie bei größeren Sportereignissen veranstaltet werden (Spann und Skiera 2009; Krause et al. 2010). Die Mitspieler handeln z. B. Fußballteams bei einer Fußball-WM (siehe dazu auch Sumpter 2016). Jeder Mitspieler hat ein beschränktes Budget und kann virtuelle Aktien der Teams zum Marktpreis kaufen und verkaufen. Als Anreiz werden Besitzer von Aktien der siegenden Teams am Ende des Turniers belohnt. Ein höherer Preis der Team-Aktie wird dann vor dem nächsten Spiel des Turniers als höhere Wahrscheinlichkeit eines Siegs interpretiert. Über den künstlichen Markt soll also das Prinzip der Weisheit der Vielen umgesetzt werden.

Etwas heikler wird der Vergleich menschlicher Aktivitäten mit Schwarmverhalten, wenn wir in den Bereich von Meinungsbildungsprozessen gehen. Kollektive Entscheidungen (siehe ► Kap. 5) oder allgemeiner Meinungsdynamiken (engl. opinion dynamics) werden oft mit Modellen untersucht, bei denen ein Agent sich der

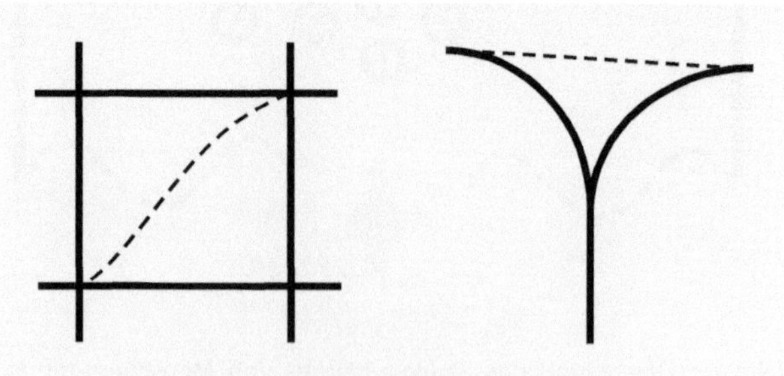

◘ **Abb. 1.9** Formierung von Pfaden als Abkürzung durch den Menschen

vorherrschenden Meinung seiner Nachbarn anpasst. Dies ist als vereinfachtes mathematisches Modell menschlichen Verhaltens anzusehen und in der Schwarmrobotik ist dies ein effizienter Ansatz. Die Meinungen der Agenten bei derartigen Modellen konvergieren auf einen Konsens und repräsentieren so eine Meinungs-Monokultur. Mäs et al. (2010) haben eine Erweiterung vorgeschlagen, dass bei großen Gruppen eine Kraft zur Individualisierung wirkt, die dann zu einer Diversifizierung des Meinungsbildes führt. Man erhält also ein realistischeres Modell unserer Gesellschaft, wenngleich dies noch immer ein extrem abstraktes mathematisches Modell ist, das keinen Anspruch auf korrekte Abbildung der Realität erhebt. Schwarmverhalten ist es insofern, weil jeder Agent nur lokal auf seine Nachbarn reagiert und einwirkt.

Insbesondere bei sozialen Insekten gehen wir davon aus, dass das Kollektiv gemeinsam Probleme lösen kann, die ein Individuum unmöglich lösen könnte. Vielmehr entstehen durch selbstorganisierende kollektive Arbeit Lösungen, die über die kognitiven Fertigkeiten des Individuums hinausgehen: die ausgefeilte Funktionalität eines Termitenbaus etwa oder die geschickte Abwägung bei Honigbienen, welche Futterquelle genutzt werden soll. Wäre Ähnliches beim Menschen möglich? Könnten wir das überhaupt feststellen und überblicken? Krause et al. (2010) gehen darauf ein und versuchen, Forschungsergebnisse aus der Tierwelt auf den Menschen zu übertragen. Neben den schon erwähnten Vorhersagemärkten werden auch öffentlich zugängliche interaktive Systeme erwähnt, wie z. B. die Entwicklung des Linux-Betriebssystems oder von Wikipedia. Gegen Wikipedia als Beispiel für Schwarmintelligenz argumentieren die Autoren, weil es nicht um die Ermittlung einer kognitive Lösung geht (also kein Problemlösen), sondern nur der Wissenssammlung dient. Zusätzlich wäre zu bedenken, dass das System eigentlich auf globaler Kommunikation basiert und so kaum als Schwarmverhalten gelten kann. Auch in den Medien wird Wikipedia oft als Beispiel für Schwarmintelligenz erwähnt, was eher irreführend ist.

Die Modelle, die genutzt werden, um Meinungsbildungsprozesse und auch kollektives Entscheiden zu verstehen, kann man auch mit Daten z. B. aus Twitter und Reddit füttern (Das et al. 2014; De et al. 2014). Auf diese Weise kann man versuchen, die sozialen Netzwerke der Teilnehmer herzuleiten, sture und agile Agenten zu identifizieren und den Entscheidungsprozess vorherzusagen. Hierbei handelt es sich um ein Problem, das noch in keiner Weise als gelöst gelten kann. Viele Elemente unserer Gesellschaft sind an diesen Ansätzen interessiert, z. B. aus den Bereichen des Marketing oder der Politik. Positive wie negative Realisierungen der Einflussnahme zeigen sich, z. B. social nudging (Beeinflussung ohne Verbote oder ökonomische Anreize) oder gezieltes Einspeisen von Information in soziale Netzwerke durch automatische Agenten („Bots“).

1.4 Weiterlesen

Am meisten lohnt es sich im Moment, einfach dieses Buch weiterzulesen. Trotzdem kann, wer mehr wissen will, wie bereits erwähnt Schmickl (2009) heranziehen und wer alles über Ameisen erfahren will, lese Hölldobler und Wilson (2008). Ein empfehlenswertes Buch über die Honigbiene hat Seeley (2013) geschrieben. Die zwei wichtigsten Bücher zur Schwarmintelligenz stammen von Bonabeau et al. (1999) und Kennedy und

Eberhart (1995). Ferner ist Garnier et al. (2007) empfehlenswert. Zu Grundfragen der Verhaltensbiologie findet man eine Vielzahl an Lehrbüchern, z. B. Kappeler (2006) oder Manning und Dawkins (1998). Ein Buch zur Selbstorganisation in der Biologie haben Camazine et al. (2001) veröffentlicht.

Grundkonzepte

H. Hamann, *Schwarmintelligenz*,
https://doi.org/10.1007/978-3-662-58961-8_2

2

Wir erfahren, was Schwärme und Schwarmverhalten sind und definieren den elementaren Begriff der Selbstorganisation. Wie es funktioniert, dass sich viele Tiere oder Agenten in einem Schwarm effizient koordinieren, untersuchen wir anhand des Begriffs der Skalierbarkeit.

Neben den biologischen Fakten und Beobachtungen gibt es weitere, etwas abstraktere Grundkonzepte für Schwärme. Diese Grundkonzepte entsprechen übergeordneten Wirkprinzipien, die nicht auf biologische Schwärme beschränkt sind. Auch künstliche Schwärme aus Robotern oder sogar manche nur in Software existierende Schwärme unterliegen oft diesen Grundkonzepten. Beispiele sind die beobachtete Musterbildung in Schwärmen aufgrund von lokalen Interaktionen und ein Zusammenhang zwischen Schwarmgröße und Schwarmleistung. Letzteres scheint weitreichende Bedeutung bis hin zu verteilten Rechensystemen zu haben. Diese und ähnliche Forschungsergebnisse deuten darauf hin, dass es eventuell allgemeingültige „Schwarmgesetze" geben könnte, die sowohl für Tierschwärme und Roboterschwärme als auch für Menschengruppen gelten könnten.

2.1 Schwärme und Schwarmverhalten

Was ist ein Schwarm? Interessanterweise hat die Literatur dazu keine eindeutige Antwort. Meist wird vermieden, den Schwarm an sich zu definieren, und stattdessen wird der Schwarm über sein Verhalten, also das Schwarmverhalten, definiert.

Ein **Schwarm** ist eine Aggregation von Tieren, die sich kollektiv bewegen.

Im Umkehrschluss kann aus einer einzelnen Momentaufnahme (z. B. ein Foto) nicht direkt auf Schwarmverhalten geschlossen werden, auch wenn wir aufgrund unserer Erfahrung beim Anblick eines Fotos, das einen Fischschwarm zeigt, automatisch auf dessen Bewegung schließen (siehe ◘ Abb. 2.1). Wir sollten Schwarmverhalten aber nicht auf reine Bewegungsmuster reduzieren, da es auch etwas subtilere Schwarmverhalten gibt. Beispielsweise organisieren Schwärme eine effiziente Arbeitsteilung, eine koordinierte Exploration von Umwelten und kollektive Entscheidungsprozesse, die nicht auf trivial koordinierte Bewegung reduziert werden können, aber bei Beobachtung nicht sofort ins Auge fallen.

Eine kollektive Bewegung ist eine geordnete Bewegung einer Vielzahl von Tieren oder Agenten. Was genau „geordnet" hier heißt, ist erstaunlicherweise wissenschaftlich eher schwierig zu definieren. Gleichzeitig glauben wir alle aber, ein gutes intuitives Verständnis von geordneter Bewegung zu haben. Wenn Vögel im Schwarm, Ameisen auf Ameisenstraßen oder gar flüchtende Menschen sich gemeinsam in die gleiche Richtung bewegen, dann fällt uns das sofort auf. Unser Gehirn ist darauf trainiert, geordnete Strukturen als solche schnell zu erkennen. Das erklärt wohl auch teilweise, warum uns

Abb. 2.1 Von links nach rechts und oben nach unten: Honigbienen, Termiten, Gänse, ein Schwarm von Staren, ein Fischschwarm und eine Schafherde

Schwärme so faszinieren. Die Ordnung in Schwarmverhalten steht in direktem Zusammenhang mit Musterbildung und Musterbildungsprozessen. Damit ist wiederum das Phänomen der Selbstorganisation verbunden, die wir im nächsten Abschnitt besprechen.

Wie groß ist ein Schwarm? Diese scheinbar unverfängliche Frage bringt die Schwarmforscherin bereits an ihre Grenzen, ähnlich mancher Warum-Frage einer Vierjährigen. Klar scheint, dass man viele Agenten benötigt. Aber gibt es tatsächlich eine Mindestmenge? Ein Mathematiker würde vermutlich systematisch versuchen, sich von unten her der korrekten Schwelle anzunähern. Ein System aus einem Agenten ist sicherlich zu klein. Die Zweiergruppe (Dyade) bringt bereits den qualitativen Unterschied, dass Kommunikation stattfinden kann. Ein Zweier-Schwarm erscheint aber noch immer eher aberwitzig. Der Mathematiker weiß, dass bereits eine Dreiergruppe in der Modellierung extrem schwer zu handhaben sein kann, wie z. B. das sogenannte

Drei-Körper-Problem zeigt (Barrow-Green 1997). Hier geht es um prinzipiell einfache Abläufe der Newtonschen Mechanik zwischen zwei schweren Himmelskörpern und einem Satelliten, der sich in ihrem Schwerefeld bewegt. Schon allein diese Diskussion zeigt uns, dass es wohl keine befriedigende Antwort auf die Frage geben wird. Noch klarer wird dies durch die Sorites-Paradoxie (griechisch sorós: Haufen), auch etwas eingängiger Paradoxie des Haufens genannt. Wie viele Sandkörner braucht es, damit wir von einem Sandhaufen sprechen können? Wer sich darauf einlässt, eine spezifische Zahl zu nennen, sagen wir 1000, erhält als Gegenfrage: Und warum sind 999 Sandkörner kein Haufen mehr, obwohl doch nur eines fehlt? Die weise Schwarmforscherin beantwortet die Frage nach der Größe also nicht und bleibt bei der Antwort, die wir zu Beginn des Kapitels bereits auf die Fragen nach dem Schwarm gefunden hatten: Ein Schwarm benötigt nicht wirklich eine Mindestanzahl an Agenten, sondern definiert sich über sein Verhalten. Selbst wenn nur drei oder vier Agenten miteinander interagieren, so können sie doch einem Schwarmverhalten folgen und haben somit als Schwarm zu gelten.

2.2 Selbstorganisation und Feedback

Insekten, Vögel, Fische oder Roboter, die Schwarmverhalten zeigen, verarbeiten nur Informationen aus ihrer direkten räumlichen Umgebung. Um organisiert zu sein, müssen aber Strukturen und Muster über größere Distanzen hinweg entstehen. Diese Fertigkeit, aus der Vielzahl lokal beschränkter Informationen und Abstimmungen eine weitreichende Ordnung entstehen zu lassen, nennt man Selbstorganisation. Wir folgen hier der Definition von Bonabeau et al. (1999).

Selbstorganisation besteht aus vier Komponenten:
- positives Feedback,
- negatives Feedback,
- eine Vielzahl an Interaktionen,
- ein ausgewogenes Verhältnis zwischen der Verwertung und Erforschung von Informationen.

Sich selbst organisierende Systeme bestehen immer aus vielen einzelnen, autonom agierenden Einheiten, die vielfach miteinander interagieren, also sich begegnen, kommunizieren, sich aufeinander abstimmen und synchronisieren. Um das zugrunde liegende Konzept der Verwertung und Erforschung von Informationen (engl. balance of exploitation and exploration) zu verstehen, betrachten wir das Beispiel einer Ameisenkolonie, die auf Futtersuche ist. Zu Beginn sei keine Futterquelle bekannt, also muss die Kolonie die Umgebung erforschen, auf der Suche nach der Information über die Position einer Futterquelle. Sobald diese Information gewonnen wurde und der Schwarm eine Futterquelle kennt, könnte der Schwarm sich nun auf die Verwertung dieser Information beschränken und die Umgebung nicht weiter erforschen. Um ein ausgewogenes Verhältnis zwischen der Verwertung und der Erforschung von Informationen zu erhalten, sollte der Schwarm aber beides tun. Einerseits sollten einige Arbeiterinnen damit beginnen, die Futterquelle auszubeuten, andererseits sollten weiterhin einige

■ **Abb. 2.2** Beispiele für Muster durch Selbstorganisation: Pigmentierung des Leopardenfells und von Muscheln

Kundschafterinnen die Umgebung absuchen. Schließlich könnte eine weitere Futterquelle ähnlicher Qualität näher am Nest gelegen sein oder eine Futterquelle höherer Qualität könnte auch in größerer Entfernung liegen. Selbst wenn zu einem gegebenen Zeitpunkt die Umgebung ausreichend erforscht wurde, sollten trotzdem noch einige Kundschafterinnen tätig bleiben, weil es sich vermutlich um eine dynamische Umwelt handelt und jederzeit neue Futterquellen entstehen können. Die durch die Definition erzwungene Ausgewogenheit zwischen Verwertung und Erforschung sorgt also für Adaptivität im System. Das selbstorganisierte System adaptiert automatisch an sich verändernden Umweltbedingungen.

Der Begriff der Selbstorganisiation kommt ursprünglich aus der Physik und dient zur Beschreibung Muster bildender Prozesse der unbelebten Natur (Haken 2004). Beispiele solcher Prozesse sind die Kristallisation oder Konvektionszellen in Flüssigkeiten, wie man sie z. B. bei der Rayleigh-Bénard-Konvektion beobachtet. Weitere Beispiele sind die Perkolation (Grimmett 1999), diffusionsbegrenztes Wachstum (Witten und Sander 1981) und Musterbildung bei Steinen, die durch Frostwechsel entsteht (Kessler und Werner 2003).

Die Biologie bietet neben der Selbstorganisation bei tierischem Verhalten z. B. auch Musterbildende Prozesse in der Embryologie, was sich durch Muster auf Fell und Schale äußern kann (siehe ■ Abb. 2.2). Dabei bewirken lokale Interaktionen von Zellen in der Wachstumsphase des Organismus entsprechende Anordnungen von Pigmenten (Meinhardt und Klingler 1987; Meinhardt 2003).

2.2.1 Positives Feedback

Positives Feedback (oder positive Rückkopplung) ist ein Konzept, mit dem man Prozesse verstärken kann (siehe ■ Abb. 2.3a). Genauer sollte man von einer positiven Feedback-Schleife sprechen (siehe ■ Abb. 2.3c). Die Veränderung eines Elements A bewirkt die Vermehrung des Elements B, was dann wiederum positiv auf Element A zurückwirkt. Positives Feedback folgt also dem Motto „wo viel ist, wird mehr sein" bzw. „wo wenig ist, wird weniger sein" und als Ergebnis erhalten wir Extreme, also entweder alles oder nichts. Ein Beispiel aus der Welt der Schwärme ist die Rekrutierung bei Ameisen mittels

2

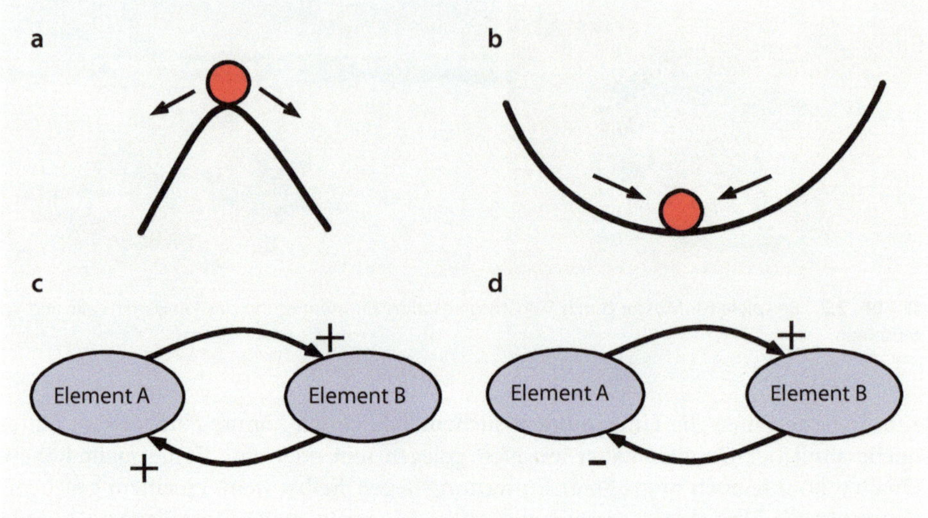

Abb. 2.3 Feedback als Basis für Selbstorganisation, hier als Potenzialfelder dargestellt: (**a**, **c**) positives Feedback, das Abweichungen verstärkt; (**b**, **d**) negatives Feedback, das Abweichungen ausgleicht

Pheromon. Eine Ameise wählt einen Weg und legt dabei Pheromon ab (Element A in Abb. 2.3c). Weitere Ameisen finden die Pheromonspur, folgen ihr (Element B in Abb. 2.3c) und fügen weiteres Pheromon hinzu. Dadurch wird der Weg noch attraktiver für weitere Ameisen, die noch mehr Pheromon hinzufügen etc. Ein theoretisch denkbares System, das ausschließlich auf positivem Feedback beruht, würde explodieren, weil es immer weiter wachsen würde. Unsere Welt und all unsere Ressourcen sind aber endlich und entsprechend gibt es kein reales System ohne negatives Feedback, das dem positiven Feedback entgegenwirkt.

Ein weiteres Beispiel sind Marktblasen. Ein Investor investiert in den amerikanischen Häusermarkt. Die Preise steigen und weitere Investoren werden in der Hoffnung auf Profite angelockt. Die Preise steigen weiter und die Gruppe der Investoren wird größer. Diese Art von Schneeballeffekt wirkt als positives Feedback. Märkte und Währungen sind auf Vertrauen aufgebaut. Sobald jemand versucht, sein Haus zu verkaufen und dabei nicht den erwarteten Preis erzielen kann, wird das Vertrauen in den Markt schwinden und die Preise beginnen zu fallen. Fallende Preise schrecken weitere Investoren ab. Nun hat also negatives Feedback eingesetzt.

Ein Beispiel aus der Soziologie ist der Matthäus-Effekt, benannt nach dem Evangelisten. Er bezieht sich auf das Konzept des „Wer hat, dem wird gegeben". So werden oft Erfolge erzielt, nicht weil eine besondere Leistung erbracht wird, sondern weil man früher Erfolge erzielt hatte. Ein neues Buch kann sich einfach nur aufgrund der guten Reputation des Autors verkaufen und muss nicht unbedingt von besonderer Qualität sein.

Dem positiven Feedback kommt in Muster bildenden Prozessen eine besondere Rolle zu, da es Symmetrien brechen kann. Denn wie kann man aus einem homogenen System heraus ein Muster bilden? Es wird eine anfängliche kleine Abweichung von der Norm benötigt, eine Fluktuation (zufällige Veränderung), die dann durch positives Feedback beliebig verstärkt und zum Muster entwickelt wird. Die Kugel in ◘ Abb. 2.3a mag da instabil und gefährlich liegen, falls sie aber in Ruhe ist und keinen Stoß erfährt, bleibt sie dort. Erst eine zufällige Bewegung bewirkt die Auslenkung aus der Ruhelage und das positive Feedback besorgt die Ausführung.

In Schwärmen sorgt positives Feedback dafür, dass der Schwarm sich von einem unentschiedenen Zustand zu einem Konsens wandelt und dass sich ein Ameisenschwarm z. B. für einen oder wenige Pfade entscheidet. Das positive Feedback ist also das aktive Element, das Entscheidungen anstößt und das Schwarmverhalten auslöst. Doch ohne negatives Feedback würde dies zur Katastrophe führen. Das negative Feedback schränkt das positive ein, sorgt dafür, dass Extreme vermieden werden, und stabilisiert das System.

2.2.2 Negatives Feedback

Negatives Feedback (oder negative Rückkopplung) bewirkt, dass nicht jede Fluktuation und Abweichung sofort extreme Auswirkungen hat und stabilisiert so das System (siehe ◘ Abb. 2.3b). Genauer sollte man auch hier von einer negativen Feedback-Schleife sprechen (siehe ◘ Abb. 2.3d). Ein Element A mag eine Vermehrung in einem Element B bewirken, aber Element B bewirkt dann eine Verminderung in Element A. Negatives Feedback folgt also dem Motto „wo viel ist, wird weniger sein" bzw. „wo wenig ist, wird mehr sein" und als Ergebnis erhalten wir ein Gleichgewicht. In einem Schwarm kann negatives Feedback z. B. durch teilweise zufälliges Verhalten bewirkt werden. Beim kollektiven Entscheiden kann man mit kleiner Wahrscheinlichkeit zulassen, dass sich Agenten zufällig umentscheiden. Sollte es (z. B. durch positives Feedback) bereits eine große Mehrheit geben, die für Option A ist, dann werden sich entsprechend auch mehrere Agenten mit Meinung A zufällig umentscheiden als Agenten mit Meinung B. Folglich wird bewirkt, dass kein vollständiger Konsens entsteht, weil immer ein paar Agenten der Minderheitsmeinung anhängen. Das kann wiederum eine gute Ausgewogenheit zwischen Verwertung und Erforschung bewirken.

Ein klassisches Beispiel für negatives Feedback ist der Fliehkraftregler, einem Bestandteil von Dampfmaschinen (siehe ◘ Abb. 2.4). Verbunden mit einem Ventil regelt es anhand der aktuellen Umdrehungszahl, wie viel Dampf in den Zylinder gelangt. Durch die Drehung entsteht eine Fliehkraft, die die Gewichte anhebt. Höhere Drehzahlen heben die Gewichte weiter an. Mit dem Anheben der Gewichte wird gleichzeitig aber auch das Ventil Stück für Stück geschlossen, sodass weniger Dampf zugeführt wird und die Drehzahl sinkt. Bei konstanter Last wird sich so die Drehzahl durch den Fliehkraftregler auf einen festen Wert einpendeln. Abweichungen von dieser Drehzahl, z. B. durch wechselnde Last auf der Dampfmaschine, werden entsprechend ausgeregelt.

In Schwärmen kann negatives Feedback auch auf triviale Weise entstehen, z. B. weil ein durch Pheromon beworbener Weg zu voll ist oder durch Verdunstung des Pheromons. Beim kollektiven Entscheiden kann die Mehrheitsmeinung irgendwann keine zusätzliche Meinungsträger mehr akquirieren, weil es schlicht niemanden mit anderer Meinung mehr gibt. Negatives Feedback ist das konservative Element im Schwarm und

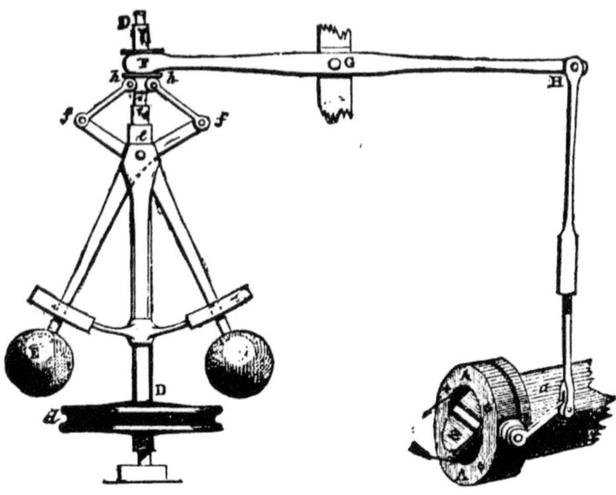

Abb. 2.4 Fliehkraftregler als Beispiel für negatives Feedback

sorgt für Stabilität. Wie im echten Leben ist ein Zuviel an Konservatismus nachteilig, weil dann neue Möglichkeiten nicht mehr erforscht werden. Doch ein System, dem es an negativem Feedback mangelt, wird den Extremen zustreben und kann instabil sein, weil jede zufällige Veränderung verstärkt werden kann.

2.3 Lokale Interaktion und Kommunikation

Ein Schwarm agiert dezentral. Es kann daher keinen sogenannten single point of failure (einzelne Fehlerstelle) geben, wie es der Ingenieur bezeichnen würde. Jeder Agent im System agiert selbstständig oder nur im Verbund mit seinen Nachbarn. Dadurch erreicht ein Schwarmsystem eine hohe Robustheit, d. h. selbst wenn Einzelkomponenten ausfallen, ist das System als Ganzes noch funktionsfähig. In einem technischen Schwarmsystem wie einem Roboterschwarm wäre man versucht, globale Interaktion und Kommunikation zuzulassen. Dann wäre jedoch die Skalierbarkeit des Systems (siehe ▸ Abschn. 2.5) nicht mehr gegeben. Durch globale Kommunikation entstehen Flaschenhälse, die bei Vergrößerung des Systems zum Problem werden. In einem größeren System gäbe es dann unverhältnismäßig viel mehr Nachrichten zwischen den Agenten, die durch das System hindurch zum Empfänger weitergeleitet werden müssen. Im Schwarm hingegen ist alles lokal beschränkt, sodass unabhängig von der Schwarmgröße immer in etwa der gleiche Aufwand für Kommunikation und Koordination entsteht. Ein weiterer Vorteil ist, dass bei lokal interagierenden Agenten auch keiner überproportional viel Informationen besitzt oder sehr spezialisiert eine Teilaufgabe löst. Sollte ein derartiger Agent nämlich ausfallen (in einem biologischen System etwa durch Fressfeinde oder in einem technischen System durch einen Hardwarefehler), dann würden wichtige Informationen verloren gehen und wäre ggf. nicht ersetzbar. In einem dezentralen System gibt es also glücklicherweise kein „too big to fail", daher ist jeder Schwarm robuster als z. B. unser Bankensystem.

Lokale Interaktion heißt, dass alle Interaktionen verortet sind. Zur Rekrutierung kann eine Ameise z. B. einen Tandemlauf durchführen. Ein Schwarm kann aggregieren, indem zunächst zwei Agenten nebeneinander stehenbleiben. Eine globale Interaktion oder Koordination findet dabei nicht statt. Ein weiteres Beispiel für lokale Kommunikation ist die Stigmergie, die im nächsten Abschnitt besprochen wird.

2.4 Stigmergie

Stigmergie (Kunstwort aus gr. stigma für Zeichen und gr. ergon für Arbeit) geht auf Grassé (1959) zurück und ist eine alternative Form der Kommunikation, die vor allem von vielen sozialen Insekten genutzt wird.

Diese Form der Kommunikation läuft implizit ab, also anders als Kommunikation in ihrer Form als explizite Nachricht an viele (Rundfunk, engl. broadcast) oder an genau einen (Brief, E-Mail oder Ansprechen einer Person mit Namen). Stigmergie ist Kommunikation über die Umwelt. Ein Beispiel wäre das Spiel der „Schnitzeljagd", bei der Sägespäne in Form von Pfeilen als Information für später vorbeikommende Passanten dient (siehe ◘ Abb. 2.5). Ein Agent kann also hier und jetzt eine Veränderung in der Umwelt bewirken, die später von einem anderen Agenten gefunden, erkannt und interpretiert werden kann. Das Paradebeispiel sind die Pheromonpfade der Ameisen. Die Ameise platziert einen Tropfen Pheromon als Information für später passierende Ameisen. Die Umwelt dient quasi als Tafel, auf die man eine Nachricht schreiben kann, die wiederum von anderen umgeändert und erweitert werden kann. Neben Pheromon, das ausschließlich der Kommunikation dient, können auch andere Stoffe und Materialien für Stigmergie genutzt werden. Beim Nestbau kann das Baumaterial selbst zur Stigmergie genutzt werden, indem der Agent z. B. einfachen Regeln folgt, wie auf eine bestimmte Konfiguration des Baumaterials reagiert werden muss. Mittels Stigmergie kann ein Agent also gezielt einen Stimulus für einen anderen Agenten platzieren, sodass Kaskaden von kohärenten und selbstorganisierten Aktionen entstehen können.

2.5 Skalierbarkeit und Schwarmleistung

Mit die wichtigste und interessanteste Eigenheit von Schwärmen ist, dass sie scheinbar beliebig groß werden können. Aus der Informatik kommt das dazu passende Konzept der Skalierbarkeit.

Ursprünglich bezogen auf technische Systeme, bezeichnet die **Skalierbarkeit** die Fähigkeit, bei Vergrößerung des Systems weiterhin gut zu funktionieren. Anders gesagt: Ein skalierbares System kann wachsen und bleibt dabei leistungsfähig.

Abb. 2.5 Eine „Schnitzeljagd" als Beispiel für Stigmergie

Auf soziale Insekten übertragen heißt das, dass die Kolonie auch mit doppelter oder halbierter Population überlebt und sich selbst passend organisiert. Bei einem technischen System aus z. B. Schwarmroboten sagt man, dass es skaliert, wenn man die gleichen Steueralgorithmen für zehn, hundert oder tausend Roboter einsetzen kann, ohne dass dabei Probleme entstehen.

In der Biologie findet man entsprechende Studien, die z. B. die Arbeitsteilung (engl. division of labor) von Ameisen (hier *Pogonomyrmex californicus*) untersuchten, und eine zunehmende Arbeitsteilung mit steigender Koloniegröße feststellten (Holbrook et al. 2011). Generell wird die Organisation sozialer Insekten komplexer mit steigender Populationsgröße (Bourke 1999; Gautrais et al. 2002; Karsai und Wenzel 1998). Der Polyethismus bezeichnet die gleichzeitige Ausführung verschiedener Tätigkeiten verteilt auf einige Individuen. Dieser Polyethismus nimmt mit der Koloniegröße zu.

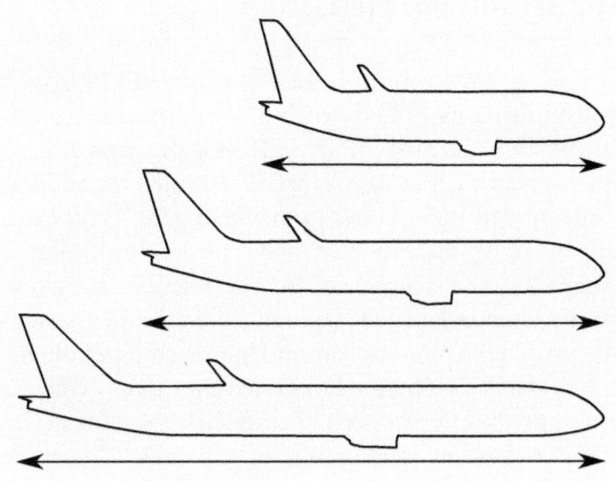

Abb. 2.6 Ist das Konzept eines Flugzeugs beliebig skalierbar?

Man beobachtet in kleinen Gruppen also wenig Spezialisierung der Individuen auf einzelne Tätigkeiten, während man bei großen Kolonien eine komplexe Spezialisierung auf verschiedene Tätigkeiten erkennt. Eine mit steigender Schwarmgröße zunehmende Spezialisierung hilft, eine gute Skalierbarkeit zu erhalten.

In Computersystemen bezeichnet der Begriff Skalierbarkeit, inwieweit das System erweitert werden kann, etwa ein Serversystem, das auf erhöhten Internettraffic (vermehrte Zugriffe) reagieren soll. Eine Verdopplung der Anzahl von Servern muss nicht bedeuten, dass man auch die doppelte Leistung erhält. Falls ein Flaschenhals existiert, könnte die erreichte Leistung deutlich weniger als das Doppelte betragen.

Das Konzept der Skalierbarkeit ist erstaunlich generell und wir können es auf viele verschiedene Systeme anwenden: Städte, Häuser, Straßensysteme, Konzerne, Universitäten, Kraftwerke oder auch Flugzeuge. Ist das Konzept des Flugzeugs beliebig skalierbar (siehe Abb. 2.6)? Könnte man beliebig große Flugzeuge bauen? Gehörige Skepsis ist hier angebracht, obwohl der Airbus A380 beeindruckend gezeigt hat, dass Flugzeuge sehr groß werden können. Während ich ein kleines Spielgzeugflugzeug aus Balsaholz bauen kann, würde ein Verkehrsflugzeug aus Balsaholz zwingend auseinanderbrechen. Die größere Baugröße bedingt höhere Gewichte, was wiederum neue Anforderungen an das verwendete Material stellt.

Dass größer nicht immer besser ist, wissen wir von Millionen-Städten, in denen der Verkehr im Chaos versinkt, und von internationalen Flughäfen, die Fluggäste durch endlos lang erscheinende Gänge leiten, um von Terminal zu Terminal zu gelangen. Insbesondere hat aber auch wohl jeder schon die Erfahrung gemacht, dass es in großen Gruppen schwierig wird, zusammenzuarbeiten oder gemeinsam eine Entscheidung zu treffen. Von der Frage, welche Skalierungseffekte in menschlichen Gruppen auftreten, handelt der nächste Abschnitt.

2.5.1 Gruppenleistung bei Menschen

Wenn man eine Arbeitsgruppe von fünf Personen auf zehn Personen erweitert, würde man auf eine doppelte Leistung hoffen, wird diese aber meistens nicht feststellen können. Jeder von uns macht Erfahrungen, wie schwierig die Zusammenarbeit in Gruppen sein kann oder wie umständlich es sein kann, selbst mit Freunden gemeinsam zu entscheiden, ob es heute an den Strand oder in die Stadt geht. Wir würden uns wünschen, dass größere Gruppen die Arbeit immer schneller fertig bekommen als kleine Gruppen. Leider ist das selten so. Ist eine Gruppe von 30 Maurern 30-mal schneller als ein einzelner Maurer? Auf einer kleinen Baustelle werden sie sich wohl meistens im Wege stehen. Neben Problemen der Arbeitsorganisation sind hier auch psychologische Aspekte wirksam. Bekannt ist z. B. der Ringelmann-Effekt, welcher den Verlust an Motivation des Einzelnen beschreibt, der bei Vergrößerung einer Gruppe eintritt (Ingham et al. 1974).

Wie in ► Abschn. 1.3 erwähnt, ist ein positiver Aspekt der Zusammenarbeit von Menschen die „Weisheit der Vielen" (engl. wisdom of crowds) (Galton 1907; Krause et al. 2010). Der Klassiker ist eine Schätzfrage, die vielen Leuten gestellt wird (z. B.: Wie viele Bohnen sind in diesem Glas?). Bildet man dann den Durchschnitt über alle Antworten, kann es sein, dass dieser der Lösung näher ist als die beste einzelne Antwort. In dieser simplen Form entspricht das wesentlich einer Anwendung des Zentralen Grenzwertsatzes aus der Statistik. Dieser besagt, dass die Summe vieler statistisch unabhängiger Zufallsvariablen einer stabilen Wahrscheinlichkeitsverteilung folgt. Oft handelt es sich dabei um eine Normalverteilung. Letztlich bedeutet das, dass ich nur oft genug messen muss (Personen befragen), um beliebig nahe an den tatsächlichen Durchschnitt dieser Verteilung zu kommen. In anderen Arbeiten wird das noch etwas weiter ausgeführt und z. B. der Einfluss der Gruppendiversität analysiert (Krause et al. 2011; Rauhut und Lorenz 2011).

2.5.2 Gruppenleistung bei Tieren

Der evolutionsbiologischen Argumentation folgend sollte klar sein, dass wir tierische Schwärme nur vorfinden können, weil es von Vorteil für das individuelle Tier ist, im Schwarm zu leben. Sibly (1983) hat aber darauf hingewiesen, dass es einen Unterschied zwischen der theoretisch optimalen Schwarmgröße und der tatsächlich in der Natur zu beobachtenden Schwarmgröße gibt. Nehmen wir an, dass es für ein Individuum nicht besonders vorteilhaft ist, sich einem sehr kleinen oder sehr großen Schwarm anzuschließen. Ein sehr kleiner Schwarm ist unvorteilhaft, weil z. B. die Verwirrung von Raubtieren mit wenigen Tieren in einer Gruppe nur mäßig gut funktioniert. Ein sehr großer Schwarm ist unvorteilhaft, weil Futterquellen mit vielen anderen Tieren geteilt werden müssen. Wir folgern, dass es eine optimale Schwarmgröße geben muss, die man durch eine individuelle Fitness über die Schwarmgröße definieren könnte (siehe ◘ Abb. 2.7). Die Problematik ist nun jedoch, dass selbst wenn ein Schwarm aktuell seine optimale Größe hat (in ◘ Abb. 2.7 sind das ca. 14 Tiere), es für ein weiteres Tier doch von Vorteil sein könnte, sich anzuschließen, weil es dann seine individuelle Fitness erhöht. Gleichzeitig reduziert es aber die individuelle Fitness jedes einzelnen Tieres im Schwarm,

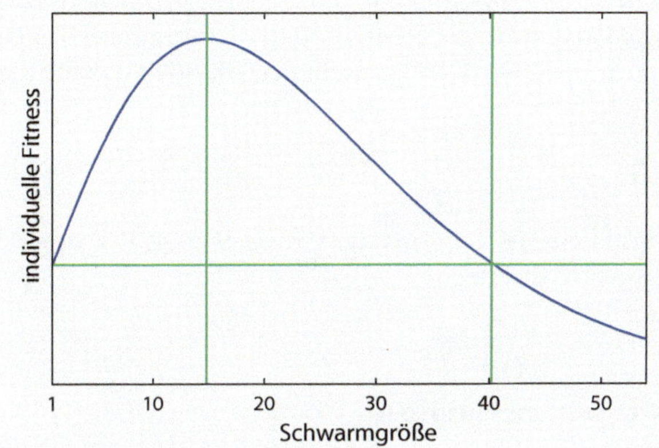

Abb. 2.7 Theoretische Überlegung nach Sibly (1983) zu optimaler Schwarmgröße und tatsächlich beobachtbaren Schwarmgrößen in der Natur. Bei einer optimalen Schwarmgröße $N \approx 14$ entspricht die individuelle Fitness für $N = 40$ der Fitness für $N = 1$

weil der Schwarm nun nicht mehr die optimale Größe hat, sondern ein klein wenig zu groß ist. Sollte es keine Reaktion des Schwarms geben, sodass „überzählige" Tiere nicht abgewehrt und aus dem Schwarm gedrängt werden, dann könnte der Schwarm also noch weiter wachsen. Theoretisch wird der Schwarm so lange wachsen, bis es für ein externes Tier nicht mehr von Vorteil ist, dem Schwarm beizutreten (In Abb. 2.7 wäre das eine Größe von 40 Tieren, für die die individuelle Fitness der Fitness eines einzelnen Tieres entspricht). Somit könnte es passieren, dass die meisten zu beobachtenden Schwärme deutlich größer sind als die theoretische optimale Schwarmgröße es nahelegt. In der Praxis bzw. im Experiment ist dies natürlich schwierig bis gar nicht überprüfbar (Krause und Ruxton 2002).

2.5.3 Superlinearer Leistungsanstieg

Faszinierender ist, dass manche Gruppen ihre Leistung immer steigern, wenn die Gruppe größer wird. Das widerspricht also den Beobachtungen bei Menschen. Sasaki et al. (2013) stellen fest, dass bei Ameisen die Gruppe besser entscheiden kann als das Individuum, was in etwa noch dem Konzept der Weisheit der Vielen entspricht. Noch interessanter wird es in einer anderen Arbeit von Sasaki und Pratt (2011). Hier beschreiben sie, dass aus der Vielzahl irrationaler Entscheidungen eine rationale Gruppenentscheidung entstehen kann, indem systematische Fehler ausgeschlossen werden. Somit entsteht in der Gruppe auch qualitativ etwas Besseres. Zu einem ähnlichen Schluss kommt die Arbeit von Jeanne und Nordheim (1996), die bei sozialen Wespen feststellen, dass die Produktivität pro Individuum ansteigt, wenn die Schwarmgröße steigt. Die Mitglieder des Schwarms werden also nicht nur nicht schlechter, sondern sogar besser, indem der Schwarm wächst. Wie sehr würden wir uns das für die Zusammenarbeit bei

Menschen wünschen. Man spricht dann von einem superlinearen Leistungsanstieg. Ein linearer Leistungsanstieg wäre die Steigerung der Leistung um das Doppelte, wenn die Schwarmgröße verdoppelt wird. In Formeln gefasst, heißt das für die Leistung L eines Schwarms der Größe N

$$L(N) = NL(1), \tag{2.1}$$

für die Leistung $L(1)$ eines Schwarms der Größe $N = 1$. Ein superlinearer Leistungsanstieg ist

$$L(N) > NL(1) \tag{2.2}$$

und ein sublinearer Leistungsanstieg ist

$$L(N) < NL(1), \tag{2.3}$$

was wohl für die meisten menschlichen Gruppen gelten würde.

Bei einem **superlinearen Leistungsanstieg** wird die individuelle Leistung aller Schwarmmitglieder besser. So steigt die Schwarmleistung $L(N)$ z. B. durch eine Verdoppelung der Schwarmgröße von N auf $2N$ nicht nur auf das Doppelte, also $2L(N)$, sondern auf mehr als das Doppelte: $L(2N) > 2L(N)$. Allgemeiner heißt das $L(cN) > cL(N)$ für $c > 1$. Dies ist nur möglich, wenn jedes einzelne Mitglied mehr leistet als zuvor.

Zumindest in Systemen der Schwarmrobotik beobachtet man oft superlineare Leistungsanstiege. Ein klassisches Beispiel ist ein Szenario nach Ijspeert et al. 2001. Hier müssen Roboter im Schwarm zusammenarbeiten. Es müssen sich jeweils Paare von Robotern zusammenfinden, um gemeinsam längere Stöcke aus dem Boden zu ziehen. Für bestimmte Schwarmgrößen wurde hier ein superlinearer Leistungsanstieg beobachtet. Ein weiteres Beispiel sind kollektive Transporte in der Form einer Eimerkette (Lein und Vaughan 2008; Pini et al. 2009). Wenn die Roboter noch keine vollständige Eimerkette bilden können, müssen Roboter noch von A nach B fahren, um Objekte zu transportieren. Sobald die Schwarmgröße aber ausreicht, um mindestens eine vollständige Eimerkette bilden zu können, kann sprunghaft mehr transportiert werden. In ähnlicher Weise werden in der Schwarmrobotik oft superlineare Leistungsanstiege im Zusammenhang mit einfachen physikalischen Effekten beobachtet. Wenn z.B. Roboter gemeinsam ein schweres Objekt bewegen sollen, gilt es die Haftreibung zu überwinden, die größer als die Gleitreibung ist. Wenn die Roboter gemeinsam nicht die notwendige Kraft aufbringen können, um die Haftreibung zu überwinden, bewegt sich nichts und entsprechend ist die Leistung Null. Sobald genügend Roboter im Schwarm vorhanden sind, um das Objekt in Bewegung zu versetzen, wird Leistung größer Null erbracht. Ähnliches gilt für das Überwinden einer Lücke im Boden oder einer Stufe, was die Roboter nur ab einer bestimmten Mindestanzahl erreichen können (Mondada et al. 2005).

2.5.4 Schwarmleistung

Wenngleich die Existenz superlinearer Leistungsanstiege in der Schwarmrobotik darauf hinweist, dass größere Schwärme Vorteile haben, muss es nach oben trotzdem Grenzen geben. Wenn ich auf einer begrenzten Fläche mehr und mehr Roboter fahren lasse, wird es ab einer bestimmten Anzahl an Robotern zu eng werden, um noch etwas Sinnvolles tun zu können. Und tatsächlich beobachtet man in der Schwarmrobotik immer wieder sehr ähnliche Leistungsverläufe für variierende Schwarmgrößen bei konstanter Fläche. Wir definieren erst einmal eine Schwarmdichte

$$\rho = \frac{N}{A}, \tag{2.4}$$

für Schwarmgröße N und Fläche A. Was verändert wird, ist die Schwarmdichte, also die Anzahl von Robotern pro Fläche. In der Literatur zur Schwarmrobotik werden oft Diagramme der Schwarmleistung für verschiedene Schwarmdichten angegeben (siehe ◘ Abb. 2.8). Beispiele sind sogenannte Futtersuchszenarien (Beckers et al. 1994; Lerman und Galstyan 2002; Lerman et al. 2005; Khaluf et al. 2013; Brutschy et al. 2014), kollektives Entscheiden (Hamann et al. 2012), emergente Fortbewegung eines Schwarms (Hamann 2013; Nembrini et al. 2002; Bjerknes et al. 2007) und Aggregationsverhalten (Meister et al. 2013; Hamann 2006). In der Biologie fehlen entsprechende Diagramme weitgehend, da die Leistung in Abhängigkeit von der Schwarmdichte nur sehr schwer messbar ist. Es ist aber anzunehmen, dass dort eine ähnliche Systematik vorherrscht, obwohl biologische Systeme deutlich komplexer sind als die oben genannten Robotersysteme.

Bei all diesen Entsprechungen unabhängig des betrachteten Szenarios, stellt sich die Frage, ob man die Schwarmleistung auf eine allgemeine Formulierung bringen

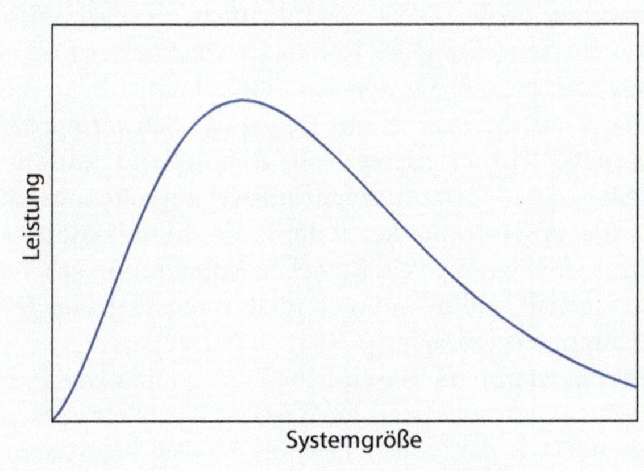

◘ **Abb. 2.8** Leistung über Systemgröße, bei Schwärmen also Schwarmleistung L über Schwarmgröße N. Die Annahme hier ist, dass die zur Verfügung stehende Fläche A konstant bleibt und somit die Schwarmdichte $\rho = \frac{N}{A}$ mit der Schwarmgröße steigt

kann. Das ist möglich, und das interessanteste Modell kommt erstaunlicherweise aus dem Bereich der verteilten Systeme (einem Teilbereich der Informatik, der sich mit Clustercomputern und Parallelrechnern befasst). Gunther (1993) stellte ein Modell zur Untersuchung der Skalierbarkeit von Rechnersystemen auf. Wir wenden es nun aber auf unsere Schwärme an (Hamann 2018a). Gunther nennt das Modell das Universal Scalability Law. Wir übertragen es gleich in unsere Terminologie und definieren somit die Schwarmleistung $L(N)$ für Schwarmgröße N bei konstanter Fläche A (wir skalieren also die Dichte anhand der Schwarmgröße N) als

$$L(N) = \frac{N}{1 + \alpha(N-1) + \beta N(N-1)} \tag{2.5}$$

für den Koeffizienten α, der den Grad an Zugangskonflikten angibt, und den Koeffizienten β, der den Mangel an Kohärenz angibt.

Zugangskonflikte entstehen durch geteilte Ressourcen, z. B. wenn mehrere Nutzer gleichzeitig auf dem einzigen Drucker drucken möchten. Dann müssen alle bis auf einen darauf warten, den Drucker nutzen zu dürfen. Was sind geteilte Ressourcen im Schwarm? Zuerst ist hier der begrenzte Raum zu nennen. Jeder Roboter benötigt Platz zum Navigieren. Kommen sich zwei Roboter zu nahe, müssen sie umständliche Kollisionsvermeidungsalgorithmen ausführen, was ihre Produktivität vermindert. Ein weiteres Beispiel ist die Luft. Bei Kommunikation per Funk dient die Umgebung als Kommunikationskanal, der geteilt werden muss (wenn mehrere gleichzeitig „sprechen“, versteht niemand mehr etwas, ähnlich wie bei einer Talkshow). Bei biologischen Schwärmen entstehen seltener Probleme durch zu hohe Schwarmdichte. Engstellen in der Form von Brücken können aber auch Ameisen zu Verkehrsregelungsmaßnahmen zwingen (Dussutour et al. 2004). Der gemäß Gunther (1993) als Mangel an Kohärenz bezeichnete Aspekt kann leider nicht direkt in die Schwarmwelt übertragen werden. Was er ursprünglich hiermit meint, ist die Kohärenz verteilter Daten im Speicher. In einem Computersystem liegen die gleichen Daten an verschiedenen Stellen vor, die bei Veränderungen an einer Stelle wieder vereinheitlicht werden müssen. Diese Vereinheitlichung, die Wiederherstellung der Kohärenz, wird teurer und umfangreicher mit steigender Systemgröße. Bei den Schwärmen gibt es keine direkte Entsprechung dazu, jedoch erscheint es schlüssig, dass es mit steigender Schwarmgröße (und Schwarmdichte) z. B. zunehmend schwieriger wird, alle Roboter zu koordinieren, Teilaufgaben geschickt zu verteilen, den Schwarm synchronisiert zu halten, genaue kollektive Entscheidungen zu treffen und Informationen durch Kommunikation zu verbreiten. Interessant ist auch, dass es im Schwarm ein Zuviel an Kooperation geben kann, d. h. dass zu viele Informationen geteilt und Ressourcen nicht intensiv genug genutzt werden, was jeweils die Leistung mindert (Hamann 2018a).

Gunther unterscheidet nun im Wesentlichen vier qualitativ verschiedene Szenarien:

a) Wenn sowohl Zugangskonflikte als auch Mängel an Kohärenz zu vernachlässigen sind, dann erhalten wir den vollen Leistungsanstieg bei Systemvergößerung und haben somit eine lineare Skalierung ($\alpha = 0$, $\beta = 0$, ▪ Abb. 2.9a).
b) Wenn einige Zugangskonflikte regelmäßig beim Teilen der Ressourcen entstehen, dann erhalten wir eine sublineare Skalierung ($\alpha > 0$, $\beta = 0$, ▪ Abb. 2.9b).

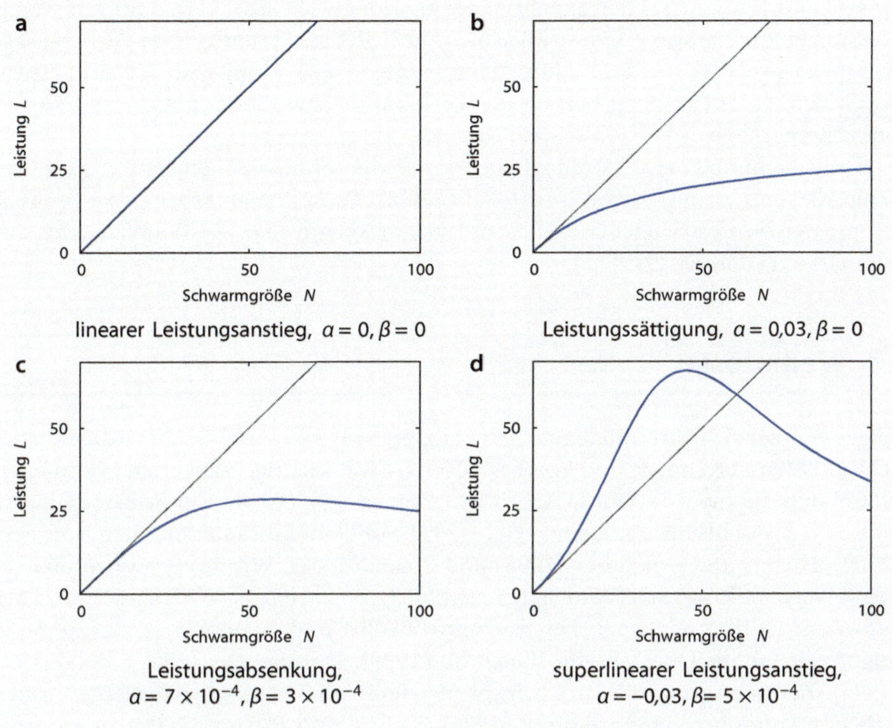

◘ Abb. 2.9 Universal Scalability Law gemäß Gunther (1993), vier Szenarien für verschiedene Parameter α (Grad von Zugriffskonflikten) und β (Mangel an Kohärenz): (**a**) linearer Anstieg, (**b**) sublinearer Anstieg, (**c**) Leistungsabsenkung, (**d**) superlinearer Anstieg

c) Wenn zusätzlich Mängel in der Kohärenz entstehen, dann existiert ein Leistungsoptimum für eine bestimmte Systemgröße, und für größere Systeme reduziert sich die Leistung sogar ($\alpha > 0$, $\beta > 0$, ◘ Abb. 2.9c).
d) Durch qualitativ veränderte Kooperation zwischen Schwarmmitgliedern kann ein superlinearer Leistungsanstieg entstehen ($\alpha < 0$, $\beta > 0$, ◘ Abb. 2.9d). Dabei wird jedes Individuum leistungsfähiger.

Im superlinearen Fall gibt es also eine klare optimale Systemgröße N_{opt}, worauf dann ein deutlicher Leistungsabfall folgt. Nach Gunther et al. (2015) wird dieser hintere Bereich $N > N_{\text{opt}}$ als „payback zone" bezeichnet, die quasi als Notwendigkeit angesehen wird, da man so für den superlinearen Bereich $N < N_{\text{opt}}$ bezahlt. Ansonsten würde der Eindruck entstehen, dass ein teilweise superlinear skalierendes System im übertragenen Sinne eine Art perpetuum mobile sei, man also mehr heraus bekommt als man hineinsteckt. In der Schwarmrobotik ist der Leistungsabfall bei großen Systemen einfach über die zu hohe Roboterdichte zu erklären. Roboter verlieren Zeit, wenn sie sich gegenseitig ausweichen, was bei steigender Systemgröße weiter zunimmt.

2

Anhand des Universal Scalability Law kann man versuchen, mit einigen wenigen Messungen die erwartete Schwarmleistung für beliebige Systemgrößen vorherzusagen. In Schwarmrobotersystemen kann das interessant sein, wenn man für ein bestehendes System zu entscheiden hat, ob es sich lohnt zu investieren um dieses System zu vergrößern.

Untersuchungen einer womöglich bestehenden optimalen Schwarm- oder Gruppengröße sind anspruchsvoll und relativ selten. Es bestehen Arbeiten zu optimalen Gruppengrößen bei Säugetieren (Brown 1982; Markham et al. 2015) und auch zu sozialen Insekten (Bourke 1999).

2.6 Weiterlesen

Allgemein zur Schwarmintelligenz gibt es zwei sehr bekannte Bücher von Bonabeau et al. (1999) und Kennedy und Eberhart (2001). Zwei wichtige Artikel sind Garnier et al. (2007) und die zuvor erwähnte Arbeit von Krause et al. (2010). Zur Selbstorganisation gibt es das Buch von Camazine et al. (2001) und interessante Arbeiten von Seeley (2002), Nicolis und Dussutour (2008) und Polani (2008). Wie aus Schwarmintelligenz Schwarmrobotik werden kann hat Beni (2005) beschrieben. Wichtiges zum Thema Schwarmrobotik findet man bei Hamann (2018b) und Brambilla et al. (2013). Zur Stigmergie gibt es Lesestoff von Bonabeau (1999); Dorigo et al. (2000); Beckers et al. (1994). Zur Schwarmgröße und Schwarmleistung bei biologischen Systemen sind die Arbeiten von Sibly (1983); Bourke (1999); Krause und Ruxton (2002) zu empfehlen sowie zu technischen Systemen jene von Gunther (1993); Gunther et al. (2015); Hamann (2013); Rosenfeld et al. (2006).

Aufgaben

▪ Aufgabe 2.1 – Skalierbarkeit eines Computersystems

Wir bauen ein einfaches Modell eines Computersystems. Die Methoden sind Beispiele aus der Warteschlangentheorie. Wir nehmen an, dass neue Aufgaben für das Computersystem mit einer konstanten Rate α ankommen und einer Warteliste hinzugefügt werden. Wir nehmen an, dass der gesamte Prozess ohne Gedächtnis abläuft, d. h. ankommende Aufgaben sind statistisch unabhängig voneinander. Daher modellieren wir das System als Poissonprozess. Die Wahrscheinlichkeit, dass $i \geq 0$ Aufgaben innerhalb eines gegebenen Zeitintervalls Δt eintreffen, ist

$$P(X = i) = \frac{e^{-\lambda}\lambda^i}{i!} \tag{2.6}$$

für $\lambda = \alpha \Delta t$. Zur Vereinfachung setzen wir $\Delta t = 1$.

a) Plotte die Wahrscheinlichkeiten $P(X = i)$ für ein sinnvolles Intervall für X und $\alpha \in \{0{,}01; 0{,}1; 0{,}5; 1\}$.
b) Implementiere ein Programm, das zufällige Anzahlen von ankommenden Aufgaben aus den Wahrscheinlichkeiten $P(X = i)$ generiert.

c) Implementiere ein Modell, das über folgende zwei Phasen iteriert: Berechne und verwalte neu ankommende Aufgaben, dann bearbeite die aktuelle Aufgabe, wobei wir nur eine Aufgabe gleichzeitig bearbeiten können. Lasse das Modell für 2000 Zeitschritte mit $\alpha = 0,1$ und für eine Aufgabenbearbeitungszeit von vier Zeitschritten pro Aufgabe laufen. Was ist die durchschnittliche Länge der Warteschlange?
d) Verändere das Programm, sodass man die durchschnittliche Warteschlangenlänge über mehrere unabhängige Simulationsläufe messen kann (mehrere statistisch unabhängige Läufe jeweils über 2000 Zeitschritte). Bestimme die durchschnittliche Warteschlangenlänge für verschiedene Raten $\alpha \in [0{,}005; 0{,}25]$ in Schritten von 0,005 und jeweils basierend auf 200 Läufen. Plotte das Ergebnis.
e) Führe diesen Vorgang nochmals durch für eine Aufgabenbearbeitungszeit von nur zwei Zeitschritten pro Aufgabe (das entspricht einem Ausbau des Systems auf doppelte Kapazität) mit Raten $\alpha \in [0{,}005; 0{,}5]$ in Schritten von 0,005. Vergleiche die beiden Diagramme.

▪ Aufgabe 2.2 – Superlinearer Leistungsanstieg

Wir versuchen eine einfache Simulation eines Computersystems zu implementieren, das einen superlinearen Leistungsanstieg zeigt gemäß dem Universal Scalability Law für die Parameter $\alpha < 0$ und $\beta > 0$. Dafür möchten wir den Einfluss von Speicherkohärenz und sogenannte cache hits (d. h. die gewünschte Speicherseite liegt bereits im Cache) auf simple Weise simulieren.

a) Implementiere ein Programm, das über $t = 1000$ Zeitschritte iteriert. In jedem Zeitschritt simulieren wir mit einem einfachen seriellen Programm die parallele Ausführung von p Prozessoren. Angenommen, die Problemgröße ist 100; dann erhält jeder Prozessor einen Teil der Größe $s = \frac{100}{p}$. Jeder Prozessor soll eine von drei Aufgaben pro Zeitschritt durchführen.
Entweder führt der Prozessor Aktivitäten durch,
(1) um Speicherkohärenz herzustellen mit Wahrscheinlichkeit

$$P_c(p) = \frac{1}{1 + \exp(-0{,}1(p - 30))} \tag{2.7}$$

in Abhängigkeit von der Anzahl an Prozessoren p;
oder wenn der Speicher momentan kohärent ist $(1 - P_c(p))$, dann erledigt der Prozessor
(2) einen Teil der eigentlichen Aufgabe (cache hit) mit Wahrscheinlichkeit

$$P_h(s) = \frac{1}{2}\left(1 - \frac{1}{1 + \exp(-0{,}05(s - 15))}\right) + \frac{1}{4} \tag{2.8}$$

für die Problemgröße eines jeden Prozessors von s;
oder er führt Aktivitäten durch,
(3) um eine Speicherseite aus dem Speicher zu laden (speicherkohärent aber cache miss) mit Wahrscheinlichkeit

$$1 - P_h(s). \tag{2.9}$$

Zähle für jede Durchführung von Teil (2) (Erledigung eines Teils der eigentlichen Aufgabe) eine Variable hoch, die die Leistung des Systems misst.

b) Benutze Dein Programm, um verschiedene Systemgrößen $p \in \{1, 2, \dots, 80\}$ zu simulieren. Adaptiere entsprechend die Größe des jeweiligen Teils $s = \frac{100}{p}$, den jeder Prozessor zur Abarbeitung erhält. Notiere die erreichten Leistungen (Anzahl der erledigten Teilaufgaben) und berechne den Leistungsanstieg für alle Konfigurationen (Leistung normalisiert auf die Leistung von $p = 1$). Plotte ein Diagramm des Leistungsanstiegs über die Anzahl der Prozessoren. Spiele mit den Wahrscheinlichkeiten $P_c(p)$ und $P_h(s)$ herum. Was ist notwendig, um einen nichtlinearen Leistungsanstieg zu erhalten?

■ Aufgabe 2.3 – Synchronisierung eines Schwarms

Schwarmsystene sind asynchrone Systeme. Es gibt keine zentrale Uhr, auf die jeder zugreifen könnte. Falls ein Schwarm dennoch synchron agieren muss, dann muss er sich zuerst explizit synchronisieren. Ein Beispiel eines biologischen Systems ist eine Population von Glühwürmchen (siehe ◘ Abb. 2.10). „Obwohl für die meisten Glühwürmchenspezien im allgemeinen nicht bekannt ist, dass sie sich in Gruppen synchronisieren, so gibt es doch einige (*Pteroptyx cribellata*, *Luciola pupilla*, und *Pteroptyx malaccae*) bei denen das unter bestimmten Voraussetzungen beobachtet wurde.“[1] Im Zusammenhang dazu steht die Forschung aus den Bereichen der drahtlosen Sensornetze und Adhoc-Netzwerke und deren dezentrale Synchronisierung (Tyrrell et al. 2006).

Im Folgenden bauen wir uns ein einfaches Modell einer solchen Glühwürmchenpopulation. Die Population ist über ein Einheitsquadrat (1×1) zufällig verteilt (Gleichverteilung). Wir nehmen an, dass die Glühwürmchen stationär sind und nur die Nachbarn in ihrer Nähe wahrnehmen können. Wir sagen, dass zwei Glühwürmchen sich gegenseitig sehen können, wenn die Distanz zwischen den beiden kleiner als r ist.

◘ **Abb. 2.10** Synchronisiertes Aufleuchten von Glühwürmchen

1 ► http://ccl.northwestern.edu/netlogo/models/Fireflies

Also haben wir eine virtuelle Scheibe mit Radius r, deren Mitte an der Position des Glühwürmchens liegt, und jedes andere Glühwürmchen, das auf der Scheibe sitzt, ist ein Nachbar. Die Glühwürmchen leuchten in Zyklen auf. Wir definieren die Länge des Zyklus als $L = 50$ Zeitschritte. Ein Glühwürmchen leuchtet für $L/2$ Zeitschritte auf, gefolgt von $L/2$ Zeitschritten ohne Leuchten. Das gilt immer außer für den Fall, dass das Glühwürmchen versucht seinen Zyklus zu synchronisieren. Wenn es angefangen hat zu leuchten, überprüft es im folgenden Zeitschritt seine Nachbarn und testet, ob die Mehrheit der Nachbarn bereits leuchtet. Wenn dies der Fall ist, dann korrigiert das Glühwürmchen seine interne Uhr, indem es eins hinzuzählt. Damit reduziert es die Zeit seines aktuellen Leuchtzyklus von $L/2$ auf $L/2 - 1$ Zeitschritte und wird daher in der nächsten Runde einen Zeitschritt früher aufleuchten.

a) Implementiere das Modell für eine Schwarmgröße von $N = 150$ und eine Zykluslänge von $L = 50$. Berechne die durchschnittliche Anzahl von Nachbarn pro Glühwürmchen für die Nachbarschaftsradien $r \in \{0{,}05; 0{,}1; 0{,}5; 1{,}4\}$. Plotte die Anzahl von momentan leuchtenden Glühwürmchen über die Zeit für verschiedene Radien $r \in \{0{,}05; 0{,}1; 0{,}5; 1{,}4\}$ für jeweils 5000 Zeitschritte. Achte beim Plotten der momentan leuchtenden Glühwürmchen darauf, das volle Intervall [0; 150] für die vertikale Achse anzuzeigen.

b) Erweitere Dein Modell, um Minimum und Maximum der momentan leuchtenden Glühwürmchen während des allerletzten Zyklus (also die letzten $L = 50$ Zeitschritte ab $t = 4950$) zu bestimmen. Wenn wir das Minimum vom Maximum abziehen, bekommen wir die doppelte Amplitude der Synchronisationswelle. Ermittle den Durchschnitt der gemessenen Amplituden für jeweils 50 Stichproben (50 unabhängige Simulationsläufe mit jeweils 5000 Zeitschritten) und plotte diese für verschiedene Radien $r \in [0{,}025; 1{,}4]$ in Schritten der Größe 0,025. Was ist eine gute Wahl für den Nachbarschaftsradius und somit die Schwarmdichte?

Szenarien

H. Hamann, *Schwarmintelligenz*,
https://doi.org/10.1007/978-3-662-58961-8_3

In diesem Kapitel gehen wir einige Beispiele von Schwarmverhalten in biologischen und ingenieurtechnischen Systemen durch. Die Vielfalt ist potenziell groß, wir beschränken uns hier auf ein paar repräsentative Beispiele. Die Szenarien sind grob nach Komplexität geordnet.

Wir starten mit den zwei vermeintlich einfachsten Schwarmverhalten: Aggregation und gegensätzlich dazu Dispersion. Es folgen Flocking als Überbegriff zum Schwarmverhalten bei Vögeln und Herdenverhalten bei Vierbeinern sowie Sortieren im Schwarm. Zusätzlich zum wichtigen Verhalten der Futtersuche untersuchen wir auch, wie man die Futtersuche als Inspiration zur Lösung von allgemeinen Optimierungsproblemen nutzen kann. Abschließend sehen wir Beispiele zum kollektiven Transportieren von Gegenständen und zum kollektiven Bauen.

3.1 Aggregation

Aggregation ist ein fundamentales Schwarmverhalten. Insbesondere für einen natürlichen Schwarm ist es essenziell zusammenzubleiben. Ansonsten würde der Schwarm drohen, sich in mehrere Gruppen aufzuteilen. Dann würde die Schwarmgröße sinken und daher wohl meist auch die Überlebenschance. Aggregationsverhalten werden bei vielen verschiedenen Spezien beobachtet, z. B. bei jungen Honigbienen (Szopek et al. 2013), Marienkäfern (Lee, Jr. 1980) (*Hippodamia convergens,* siehe ◘ Abb. 3.1, oben links) und Monarchfaltern *(Danaus plexippus)* (Wells et al. 1990; siehe ◘ Abb. 3.1, unten links). Die jungen Honigbienen können sich noch nicht selbst aufheizen und aggregieren daher an einem warmen Ort (36 °C), wie in ► Abschn. 1.2.2 besprochen. Marienkäfer aggregieren zur Überwinterung oder nur zeitweise.

Abstrakt gesehen bedeutet Aggregation für das Individuum, den Abstand zu allen anderen zu minimieren. Dabei kann der gewählte Bereich der Aggregation irrelevant sein oder einem spezifischen Umweltfaktor unterliegen. Beispiele für Umweltfaktoren sind Temperatur, Licht oder chemische Konzentration eines bestimmten Moleküls. Ein Aggregationsprozess beinhaltet daher auch inhärent kollektives Entscheiden, nämlich darüber, wo der Schwarm sich versammeln möchte. Dem Konzept der Schwarmintelligenz entsprechend erfolgt diese Entscheidung dezentral ohne konkrete Kommunikation einer globalen Position.

Während der Biologe Verhaltensmodelle für gegebene Schwarmverhalten aufstellt, muss ein Schwarmrobotiker das gewünschte Schwarmverhalten programmieren. Versetzen wir uns für den Moment in die Rolle dieses Schwarmrobotikers. Was muss ein einzelner Roboter tun, damit der Schwarm als Ganzes aggregiert? Der Roboter muss sich dabei auf die Eingaben der verfügbaren Sensoren verlassen. Diese Sensoren liefern jedoch nur lokale Informationen, z. B. wie weit ein Hindernis entfernt ist, eventuell auch in welcher Entfernung und Richtung sich andere Roboter befinden. Der Roboter hat dabei keine globale Sicht, kennt also nicht die Position aller anderen Roboter und kennt eventuell auch nicht seine Position in einem absoluten Bezugsrahmen, wie es z. B. bei GPS (global positioning system) wäre. Wie kann ein Roboter, der also lediglich vage

■ **Abb. 3.1** Aggregationen von Insekten

Kenntnis über die relative Position benachbarter Roboter hat, eine Schwarmaggregation provozieren? Eine vorerst sinnvolle Idee wäre es, die Distanz zu diesen benachbarten Robotern zu verringern, d. h. sich zu diesen hin zu bewegen. Welchen Effekt sollten wir dann erwarten? In Abhängigkeit von der initialen Verteilung der Roboter im Raum erscheint es wahrscheinlich, dass sich viele eher kleine Robotergruppen bilden werden (siehe ■ Abb. 3.2a). Dies entspricht also nicht der erhofften Aggregation. Wie können wir jedoch die Situation verbessern? Sollte ein einzelner Roboter sich bewegen, wird er die Distanz zu benachbarten Robotern vergrößern und ggf. nur durch Zufall auf andere Gruppen zusteuern. Alternativ könnten wir ganze Gruppen von Robotern gemeinsam an andere Positionen verfahren (kollektive Bewegung). Zumindest mit normalen mobilen Robotern wäre dies jedoch eine recht herausfordernde Aufgabe. Es bleibt also nur, einen einzelnen Roboter auf gut Glück in die „Weite des leeren Raumes" hinauszuschicken (siehe ■ Abb. 3.2b). Dies entspricht einem explorativen, also erforschenden Verhalten. In endlicher Zeit wird er zufällig auf eine neue Robotergruppe stoßen und könnte sich dieser anschließen (siehe ■ Abb. 3.2c). Haben wir damit etwas gewonnen? Wir haben einen Roboter von Gruppe A nach Gruppe B bewegt, das erscheint nicht sinnvoll. Der entscheidende kreative Gedanke ist nun, gemäß der Definition von Selbstorganisation (siehe ► Abschn. 2.2) positives Feedback einzubauen. In diesem Fall, heißt das, Roboter in großen Gruppen länger verweilen zu lassen als in kleinen Gruppen. Somit werden bereits große Gruppen eher wachsen, während kleinere Gruppen eher schrumpfen werden und sich hoffentlich sogar auflösen. So entsteht ein selbstorganisierter Prozess, in dem keine Gruppe sich bewusst auflöst, aber trotzdem das Verhalten eines jeden Roboters dazu beiträgt, die Gruppen im Durchschnitt zu vergrößern.

3

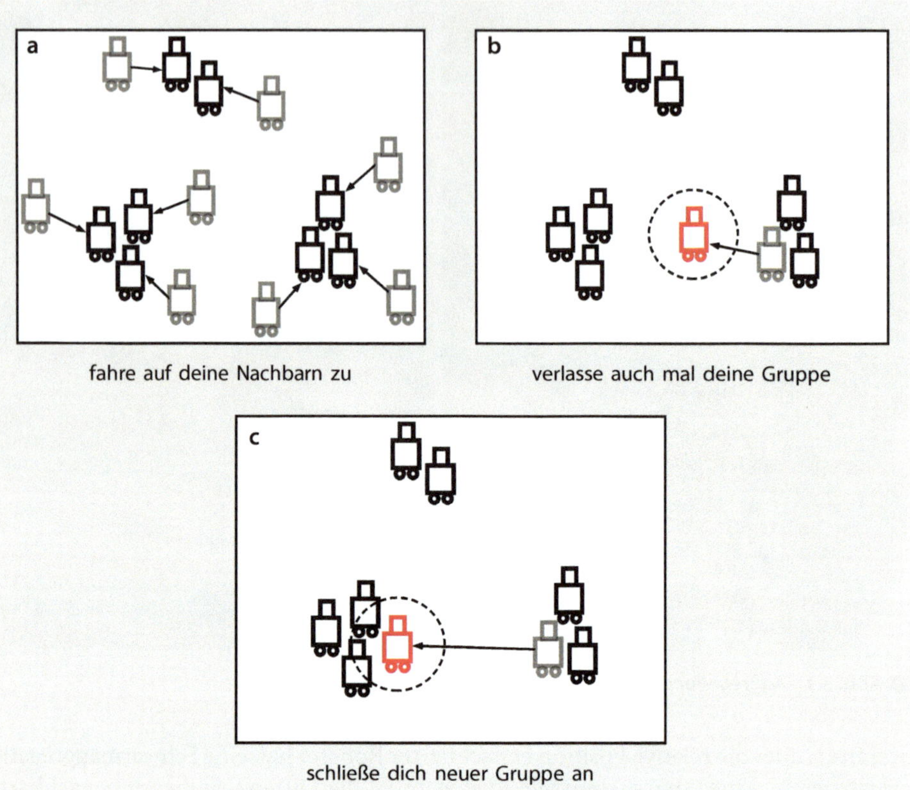

Abb. 3.2 Eine Strategie zur Aggregation von Schwarmrobotern. Die Annäherung an benachbarte Roboter erzeugt viele kleine Gruppen. Roboter verlassen ab und zu ihre Gruppe (gestrichelter Kreis symbolisiert Sensorreichweite), fahren in den „leeren Raum" und finden zufällig neue Gruppen

Die Dauer, wie lange ein Roboter in einer Gruppe verweilt, sollte von der Gruppengröße abhängen. Über die Dauer definiert man letztlich Wahrscheinlichkeiten dafür, dass Roboter sich Gruppen anschließen oder Gruppen verlassen. Diese Wahrscheinlichkeiten könnte man experimentell (z. B. per Simulation) bestimmen oder berechnen. Über die Dichte der Roboter (Anzahl Roboter pro Fläche), die durchschnittliche Fläche und Form der aggregierten Robotergruppen sowie ein Bewegungsmodell könnte man die Wahrscheinlichkeit berechnen, dass ein umherfahrender Roboter zufällig einer Gruppe bestimmter Größe begegnet.

3.2 Dispersion

Dispersion ist das entgegensetzte Verhalten zu Aggregation. Der Schwarm soll sich über einen möglichst großen Bereich verteilen. Bei Roboterschwärmen kann Dispersion sinnvoll eingesetzt werden, um einen Bereich zu überwachen oder zu erforschen.

Bei natürlichen Schwärmen ist Dispersion eher selten. Zumindest auf ökologischer Systemebene tritt Dispersion in Form von Variationen der Populationsdichte auf. Aus geografischen Gründen oder aufgrund einer Konkurrenzsituation verteilen sich die Tiere im Raum. In der Ökologie sind verschiedene Populationsverteilungen bekannt: gruppiert, zufällig und regelmäßig (siehe ◘ Abb. 3.3).

Aus der Schwarmrobotik kommt eine bekannte Studie von Payton et al. (2001), die die Implementierung eines Dispersionsverhaltens auf Robotern vorstellen. Sie benutzen dazu Nachrichten, die zwischen den Robotern per Infrarot verschickt werden. Für Dispersion benötigen die Roboter eine Abschätzung der zwischen ihnen bestehenden Distanzen. Payton et al. (2001) ermitteln die Distanzen anhand der Infrarotnachrichten. Dazu misst ein Roboter die Signalstärke des ankommenden Signals. Da die Roboter die nominale Signalstärke beim Versenden kennen, können sie so eine Distanz grob abschätzen. Obwohl eine derartige Messung fehlerbehaftet ist, reicht es offensichtlich aus, um ein gutes Dispersionsverhalten zu erhalten. Sobald ein Roboter die Distanzen zu seinen Nachbarn kennt, wird er sich vom nächstgelegenen entfernen. Schließlich werden dann entweder alle Nachbarn aus der Sensorreichweite verschwinden oder es wird sich ein Gleichgewicht zwischen den Distanzen von zwei oder mehr Nachbarn bilden. Ludwig und Gini (2006) berichten über einen ähnlichen Ansatz, der jedoch auf Funkkommunikation beruht. Auch hier kann ebenfalls per Signalstärke eine Distanz geschätzt werden. Im Gegensatz zur Infrarotmethode benötigen zwei kommunizierende Roboter dabei keine Sichtverbindung. Die Arbeit von Ludwig und Gini (2006) wurde aber nur in der Simulation getestet. McLurkin und Smith (2004) haben in Schwarmexperimenten mit 56 Robotern untersucht, ob der Schwarm effizient und in kurzer Zeit eine Gleichverteilung bilden kann. Dazu benutzen sie ein gradientenbasiertes Multi-Hop-Nachrichtenprotokoll. Roboter dienen dabei als Relaisstation und schicken Nachrichten über mehrere Stationen durch den Schwarm. Die Anzahl der

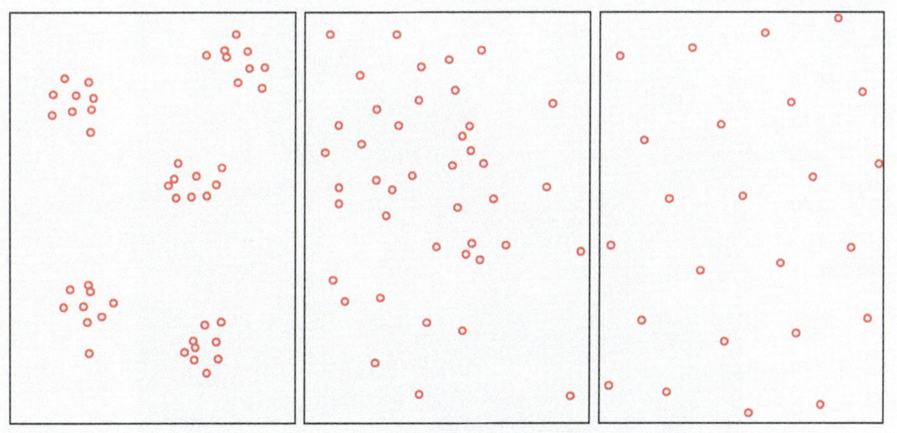

◘ **Abb. 3.3** In der Ökologie sind verschiedene Populationsverteilungen bekannt: gruppiert, zufällig und regelmäßig

Sprünge (engl. hops) einer Nachricht von Roboter zu Roboter können die Roboter dabei mitzählen und so Distanzen abschätzen. Der benutzte Steueralgorithmus wechselt zwischen einer Routine, die dafür sorgt, dass sich die Roboter gleichmäßig im Raum verteilen, und einer zweiten Routine, die dafür sorgt, dass Roboter sich bevorzugt in unbekannte, bisher unbesetzte Gebiete bewegen.

3.3 Flocking

Für Flocking gibt es leider keine andere Übersetzung als „Schwarmverhalten". Gemeint ist in der wissenschaftlichen Literatur jedoch die besondere Form der kollektiven Bewegung, wie sie bei großen Vogelschwärmen zu beobachten ist (siehe ◘ Abb. 3.4). Dabei bleiben die Tiere dicht zusammen ohne zusammenzustoßen und bewegen sich meist in

◘ **Abb. 3.4** Starenschwarm als natürliches Beispiel für Flocking

die gleiche oder zumindest ähnliche Richtungen. Typischerweise bezieht sich Flocking auf dreidimensionale Bewegungen z. B. bei Vögeln, während zweidimensionale Bewegungen eher mit dem allgemeinen Begriff als kollektive Bewegung bezeichnet werden.

Wer zum ersten Mal einen großen Vogelschwarm näher betrachtet, wird sich gleich fragen, wie es den Vögeln gelingt nicht zusammenzustoßen und wer im Schwarm wohl die Richtung bestimmt. Natürlich handelt es sich hier um ein dezentrales System und es gibt keine zentrale Steuereinheit. Ebenso beschränkt sich ein einzelner Vogel in seiner Koordination wohl auf einige wenige Nachbarn, was es einfacher macht, kollisionsfrei zu fliegen.

Der dann immer genannte Evergreen in der Literatur über Flocking ist der Artikel von Reynolds (1987). Dieser Artikel gilt, zumindest aus Ingenieursicht, gleichzeitig auch als einer der ersten Artikel zur Schwarmintelligenz überhaupt. Der Legende nach musste Reynolds für eine Videosequenz einen Vogelschwarm animieren. Das hätte bedeutet, dass er viele Trajektorien einzelner Vögel hätte editieren müssen. So wurde also die Innovation der „Boids", wie er seinen Schwarm nannte, aus der Faulheit geboren. Er nahm sich vor, ein paar einfache Regeln zu definieren, die dann automatisch realistische Trajektorien der Vögel generieren würden. Im Ergebnis kam er auf drei einfache Regeln: 1) angleichen (engl. alignment), 2) zusammen bleiben (Kohäsion, engl. cohesion) und 3) Abstand halten (Separation, engl. separation).

1. Die Vögel gleichen die Richtung ihres Flugs wechselseitig an, d. h. ein einzelner Vogel betrachtet seine Nachbarn, bestimmt deren Flugrichtung, mittelt über die Nachbarn und übernimmt dies als seine neue Flugrichtung (siehe ◘ Abb. 3.5a). Als Effekt bildet sich eine vorherrschende Gesamtrichtung des Schwarms heraus, sodass alle Vögel im Wesentlichen in die selbe Richtung fliegen. Dies funktioniert sogar, wenn jeder Vogel zu Beginn in eine beliebige, zufällige Richtung geflogen ist. Voraussetzung ist hier, dass der Schwarm zusammenhängend ist, d. h. kein Vogel oder auch keine Gruppe von Vögeln vom Hauptschwarm abgeschnitten ist, denn dann könnten sie ihre Richtung nicht anpassen. In der Graphentheorie bezeichnet man es als Zusammenhangskomponente, wenn von jedem Knoten (Vogel) ein Pfad (Kette von Vögeln) zu jedem anderen Knoten existiert.

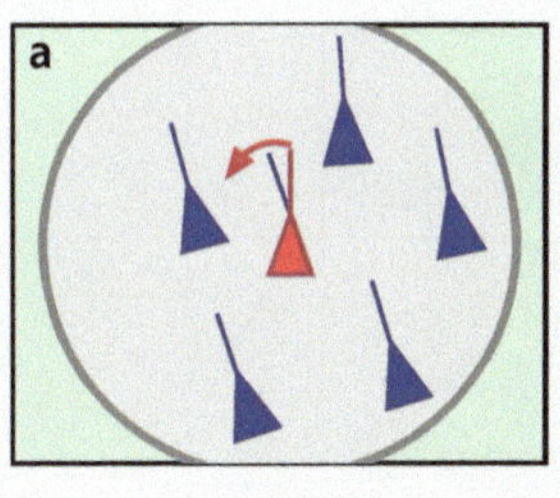

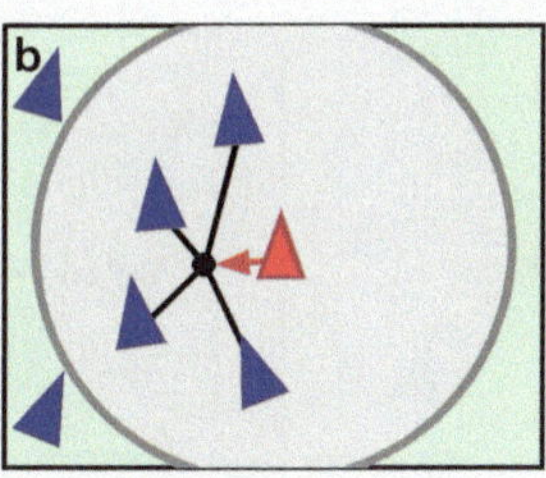

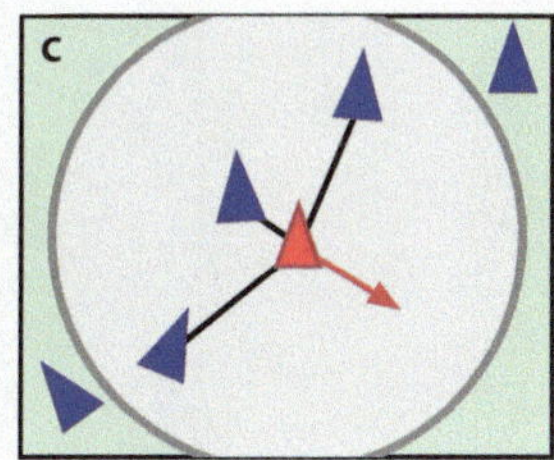

◘ **Abb. 3.5** Die drei Regeln für Flocking nach Reynolds (1987): **a** angleichen (alignment), **b** zusammenbleiben (cohesion) und **c** Abstand halten (separation)

2. Die Vögel versuchen zusammenzubleiben, indem jeder Vogel sich auf den Schwerpunkt seiner Nachbarn zubewegt. Wie im Beispiel in ◘ Abb. 3.5b dargestellt, befinden sich die Nachbarn alle links des Vogels. Daher bewegt er sich nach links, was dazu führt, dass der Schwarm zusammenbleibt.
3. Die Vögel versuchen Zusammenstöße zu vermeiden. Dazu misst jeder Vogel den Abstand zu seinen Nachbarn. Sobald einer der Nachbarn zu nahe ist, fliegt der Vogel in die entgegengesetzte Richtung, um den Abstand zu vergrößern.

In der Summe ergibt das ein robustes Flocking und Reynolds musste also nicht alle Vogeltrajektorien einzeln editieren. Für die Schwarmrobotik stellte sich später heraus, dass Reynolds' Boids schwierig auf Robotern zu implementieren sind. Für einen Roboter ist es schwierig, die relative Orientierung (Fahrtrichtung) eines benachbarten Roboters festzustellen. Turgut et al. (2008) benutzen daher eine Technologie in Form eines digitalen Kompasses und drahtloser Kommunikation (ZigBee). Moeslinger et al. (2011) haben eine simplere Version entwickelt, bei der der Roboter lediglich näherungsweise die Distanz und Peilung der benachbarten Roboter feststellen muss. Selbst für Physiker ist das Flocking interessant, sodass Vicsek et al. (1995) Schwärme (bei Physikern eher als „self-propelled particles" bekannt) theoretisch untersucht haben.

Reynolds' Konzept ist jedoch nur ein abstraktes Modell, das man zwar auf Robotern implementieren kann, das aber nicht viel mit dem tatsächlichen Verhalten natürlicher Schwärme zu tun haben muss. Wie koordinieren sich Vögel im Schwarm? Eine wichtige Studie dazu ist die von Ballerini et al. (2008). Der Ansatz von Reynolds ist metrisch, d. h. die Nachbarschaftsbeziehung zwischen zwei Tieren wird direkt über deren Distanz bestimmt. Das erscheint logisch und eine Alternative dazu mag nicht offensichtlich sein. Jedoch haben Ballerini et al. (2008) mittels umfangreicher Messungen von tausend und mehr Staren festgestellt, dass ein Ansatz mittels topologischer Distanzen wahrscheinlicher ist. Topologisch heißt, dass z. B. nur die sechs nächsten Nachbarn relevant sind, egal wie weit entfernt (oder wie nah) diese sind (siehe ◘ Abb. 3.6). Ballerini et al. (2008) fanden heraus, dass die von ihnen beobachteten Stare wohl nur die sechs bis sieben nächstgelegenen Nachbarn in ihrem Flocking-Verhalten berücksichtigen. Da of-

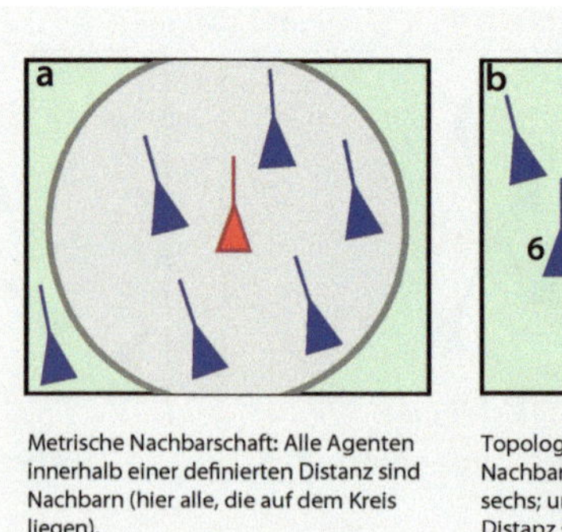

Metrische Nachbarschaft: Alle Agenten innerhalb einer definierten Distanz sind Nachbarn (hier alle, die auf dem Kreis liegen).

Topologische Nachbarschaft: Die Nachbarschaft hat eine feste Größe, hier sechs; unabhängig von einer maximalen Distanz sind die nächsten sechs Agenten Nachbarn.

◘ **Abb. 3.6** Unterschied zwischen einer **a** metrisch und einer **b** topologisch definierten Nachbarschaft

fensichtlich beide Methoden funktionieren, steht zumindest dem Ingenieur die Wahl beim Erzeugen von Flocking frei.

3.4 Sortieren

Die Ameise *Leptothorax unifasciatus* sortiert ihre Brut nach Alter in konzentrischen Ringen um die Eier herum (Franks und Sendova-Franks 1992a). Dies könnte die Priorität der Pflege reflektieren bzw. bestimmen und sowohl die Aufgabenzuteilung als auch die Demografie der Kolonie beeinflussen. Wie können Ameisen oder Schwärme in einem selbstorganisierendem Prozess Objekte ordnen und sortieren? Die Informatik stellt zur Datenverarbeitung eine Vielzahl an Sortieralgorithmen zur Verfügung. Diese sind jedoch darauf spezialisiert, Zahlen zu vergleichen und in einem Datenfeld nach Größe zu sortieren; also festzulegen, welche Zahlen vorne, welche in der Mitte und welche hinten zu stehen haben. Das ist eine andere Aufgabe, als die der Ameisen, die ähnliche Elemente (gleichalte Brut) erkennen und dann auch einen passenden Ort dafür bestimmen müssen.

Um ein gutes Verhaltensmodell zu finden, starten wir mal wieder aus der Perspektive des Schwarmingenieurs und beginnen mit der einfacheren Aufgabe des Clustering. Unsere imaginären Ameisen sollen also Objekte im Raum finden, nennen wir diese Erdkügelchen, und an einer zu Beginn unbestimmten Stelle sammeln. Wir betrachten einen Ansatz, der das Verhalten der Ameise sehr einfach hält. Der Ansatz ist probabilistisch, d. h. das Verhalten ist nur über Wahrscheinlichkeiten bestimmt und die Ameise verhält sich in ähnlichen Situationen nicht immer gleich. Zu Beginn trägt die Ameise noch kein Kügelchen. Sobald die Ameise ein Kügelchen findet, nimmt sie es mit Wahrscheinlichkeit P_{auf} auf ($0 < P_{auf} < 1$). Die Ameise trägt dann dieses Kügelchen und läuft weiter. Findet die Ameise ein weiteres Kügelchen, während sie bereits eines trägt, dann legt sie dieses mit Wahrscheinlichkeit P_{ab} an dieser Stelle ab ($0 < P_{ab} < 1$). Dies ist bereits das gesamte Verhalten und es ähnelt dem Ansatz, den wir im Abschnitt über Aggregation besprochen haben (▶ Abschn. 3.1). Hier werden jedoch nicht Roboter aggregiert, sondern wir aggregieren passive Kügelchen, die von den Tieren von einem Ort zum anderen transportiert werden. Trotzdem entsprechen die Wahrscheinlichkeiten P_{auf} und P_{ab} den Wahrscheinlichkeiten, bei der Aggregation eine Robotergruppe zu verlassen oder sich einer Robotergruppe anzuschließen. Als Erweiterung können wir die Aufnehm-Wahrscheinlichkeit P_{auf} und die Ableg-Wahrscheinlichkeit P_{ab} auch noch abhängig von der Anzahl an Kügelchen machen, die die Ameise jüngst gesehen hatte (siehe ◘ Abb. 3.7). Wenn sie viele Kügelchen gesehen hatte, dann sollte die Aufnehm-Wahrscheinlichkeit P_{auf} kleiner und die Ableg-Wahrscheinlichkeit P_{ab} größer werden (eventuell ist das ein Cluster). Entsprechend umgekehrt für den anderen Fall. Also können wir vermuten, dass die Ameisen die Kügelchen zu Beginn in kleinen Gruppen aggregieren, Nachfolgend werden dann manche Kügelchen-Cluster größer, während andere schrumpfen und verschwinden. Zuletzt gibt es einen oder einige wenige große Cluster.

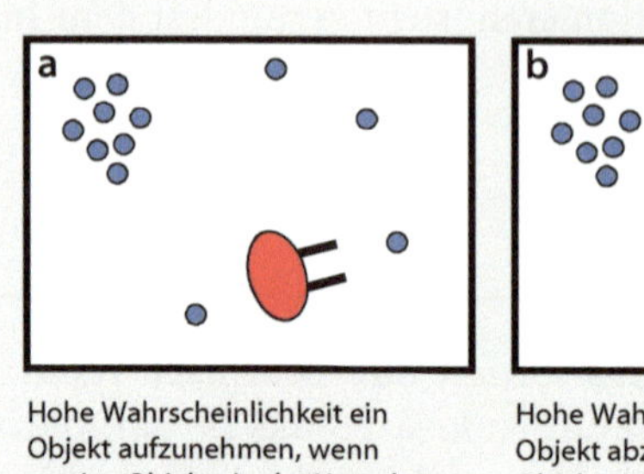

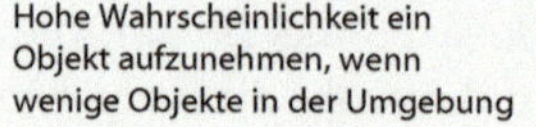

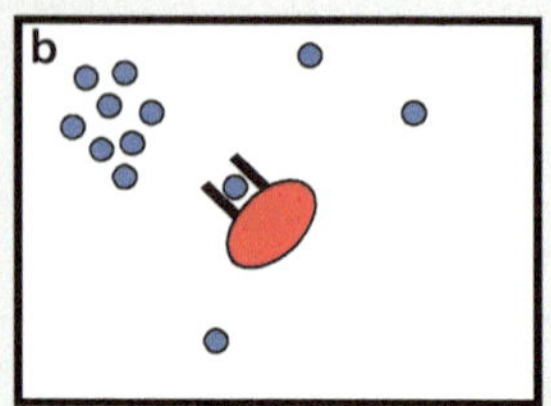

Abb. 3.7 Eine einfache Strategie um Objekte zu aggregieren: Die Aufnehm-Wahrscheinlichkeit P_{auf} ist groß, wenn innerhalb eines Zeitfensters wenig Objekte gesehen wurden; die Ableg-Wahrscheinlichkeit P_{ab} ist groß, wenn innerhalb eines Zeitfensters viele Objekte gesehen wurden

Nun können wir Kügelchen clustern, aber noch nicht sortieren. Angenommen, wir haben mindestens zwei Sorten von Kügelchen, z. B. rote und blaue. Wie können wir das Clustering-Verhalten verändern, sodass die Ameisen diese nicht nur clustern, sondern auch sortieren? Wir müssen bei der Definition des Verhaltens lediglich nach Farbe unterscheiden. Trägt eine Ameise ein rotes Kügelchen, dann sollte sie blaue Kügelchen ignorieren und das rote nur ablegen, wenn sie rote Kügelchen sieht (und umgekehrt). Bei der Definition der Aufnehm- und Ableg-Wahrscheinlichkeiten kann man das Verhältnis der jüngst gesehenen roten und blauen Kügelchen eingehen lassen: Falls wir viele rote und wenig blaue Kügelchen gesehen hatten, dann sollten wir blaue Kügelchen mit hoher Wahrscheinlichkeit aufnehmen, etc.

Was uns noch fehlt, ist die strukturierte Anordnung in konzentrischen Ringen. Dazu können wir uns die Arbeit von Chen et al. (2012) anschauen. Die Autoren haben sich statt von Sortierprozessen mit lebenden Agenten durch Sortierung in unbelebten Systemen inspirieren lassen. Die Müsli-Esser unter den Lesern werden das Problem kennen. Aus frisch geöffneten Müslitüten löffelt man große Nüsse. Je länger man jedoch aus der Tüte isst, umso kleiner werden die Nüsse und Körner, bis man schließlich eher Staub isst statt Müsli. Ist das eine Verschwörung der Müsli-Hersteller? Eher nicht. Man geht davon aus, dass beim Transport ein selbstorganisierter Prozess abläuft (siehe Abb. 3.8). Der Müslipackung wird Energie in Form von Beschleunigungen zugefügt, sodass die Nüsse in der Packung umherhüpfen. Unter den großen Nüssen entstehen so kurzzeitig größere Löcher, die oft von kleineren Nüssen besetzt werden, bevor die große Nuss wieder an ihren Ausgangsort zurückfällt. Über die Zeit wird so das Müsli sortiert: große Bestandteile wandern nach oben und kleine nach unten. Eine in Mitteleuropa eher etwas unbekannte Nuss fungiert als Namensgeber dieses Phänomens: die Paranuss, zu englisch Brazil nut. Der „Brazil nut effect" diente Chen et al. (2012) als Inspiration für eine Steuerung, die anstelle von Nüssen Roboter sortiert. Diese sollen unter einer Lampe aggregieren und sich dann nach zugehörigem Typ ordnen. Die grünen Roboter sollen direkt unter der Lampe aggregieren, die roten Roboter sollen um den Cluster herum einen Ring bilden. Im Gegensatz zu den Nüssen haben die Roboter zwar keine

Abb. 3.8 Der sog. „Brazil nut effect" diente Chen et al. (2012) als Inspiration zur Aggregation von Schwarmrobotern und deren Sortierung nach Typ

unterschiedlichen Größen, aber dafür verschiedene Kollisionsvermeidungsradien. Der Kollisionsvermeidungsradius bestimmt, ab wann der Roboter einprogrammierte Ausweichbewegungen durchführt, um Kollisionen zu vermeiden. Für die grünen Roboter ist dieser Radius kleiner eingestellt als für die roten. Wenn also ein grüner Roboter sich einem roten nähert, dann beginnt der rote bereits früher mit Ausweichmanövern. Auf diese Weise kann sich der grüne Roboter recht einfach an roten Robotern vorbeidrücken und drängelt sich so quasi zum Sonnenplatz unter der Lampe vor. Statt des passiven Antriebs über Vibrationen bei den Nüssen sind hier die Roboter natürlich aktiv angetrieben. Der Größenunterschied der Nüsse ist hier bei den Robotern virtuell in der Software über den Kollisionsvermeidungsradius verwirklicht. Die Wirkung ist jedoch die gleiche; wie in Abb. 3.8 zu sehen, sind die Roboter am Ende des Versuchs tatsächlich sortiert.

Eine ähnliche Aufgabe ist das „patch sorting", womit man die Aufteilung von Gegenständen nach Typ bezeichnet (Melhuish et al. 2001). Es sollen also zwei oder mehrere Klassen von Objekten aggregiert und aufgeteilt werden, sodass sie räumlich getrennt voneinander liegen. Melhuish et al. (2001) haben dazu ein passendes Roboterverhalten implementiert, das im Versuch mit sechs Robotern 30 Frisbees in ihre drei Typen und Cluster aufgeteilt hat.

3.5 Futtersuche und Optimierung

Wir besprechen zuerst die Futtersuche in biologischen Systemen und dann die dadurch inspirierten Verhalten für Roboterschwärme. Im zweiten Abschnitt gehen wir dann noch einen Schritt weiter weg von den ursprünglichen biologischen Systemen und untersuchen die Möglichkeit, allgemeine Optimierungsalgorithmen aus den Schwarmverhalten abzuleiten. Anders als bei den Schwarmrobotern haben wir in diesem Fall kein verteiltes System mehr, sondern ein zentrales System, das lediglich simulierte Softwareagenten auf ihre Reise durch eine virtuelle Welt schickt. Diese spezielle Art der Schwarmintelligenz hat sich als besonders erfolgreich erwiesen (Dorigo und Stützle 2004).

3.5.1 Futtersuche

Die Futtersuche ist elementar für jedes Lebewesen und insbesondere bei sozialen Insekten ein interessantes und komplexes Verhalten. So verwundert es natürlich nicht, dass die Futtersuche bei Bienen und Ameisen intensiv beforscht wird und eine umfangreiche Literatur vorhanden ist. Wir können hier nur ein paar Themen streifen. Der faszinierende Schwänzeltanz der Honigbiene zur Rekrutierung von Futtersucherinnen dürfte bekannt sein. Der bedeutende Verhaltensforscher Karl von Frisch hat die Tanzsprache der Bienen entschlüsselt und erhielt dafür 1973 den Nobelpreis (von Frisch 1965). Komplexere Vorgänge, z. B. wie der Informationsfluss in der Kolonie organisiert ist (Seeley 1985) oder wie sich die Struktur der Landschaft auf die Futtersuche auswirkt (Steffan-Dewenter und Kuhn 2003), werden bis heute noch beforscht. Weitere interessante Aspekte sind die Aufgabenverteilung bei der Futtersuche (Anderson und Ratnieks 1999) oder wie es einer Kolonie gelingt, zwischen zwei gleichwertigen Futterquellen zu wählen. Es gilt nämlich sich auf eine zu konzentrieren, um Risiken zu minimieren. Der Schwarm muss also kollektiv entscheiden, welche der völlig gleichwertigen Optionen ausgebeutet werden soll (de Vries und Biesmeijer 2002; Hamann et al. 2010).

Eine weitere Faszination ist der Einfluss von Rauschen bei der Futtersuche. In technischen Problemlösungen würde man immer versuchen, das Rauschen zu filtern und möglichst klein zu halten. In natürlichen Schwärmen dient das Rauschen jedoch dazu, sich selbstorganisiert an Veränderungen der Umwelt anzupassen. Meyer et al. (2008) haben aufgezeigt, dass bei der Ameise *Pheidole megacephala* Rauschen im kollektiven Entscheidungsprozess der Adaptivität dient. In einem Experiment mit drei Phasen werden zuerst zwei Futterquellen angeboten: eine nähere und eine fernere (siehe ◘ Abb. 3.9). Nach 60 min wird in der zweiten Phase der Weg zur näheren Futterquelle blockiert, während die fernere Futterquelle weiterhin erreichbar ist. Nach weiteren 60 min wird dann der Weg zur näheren Futterquelle wieder freigegeben, sodass wieder beide Futterquellen erreichbar sind.

Pheidole megacephala agiert hier adaptiv, sodass in der ersten Phase vor allem die nähere Futterquelle ausgebeutet wird, in der zweiten Phase dann gezwungenermaßen die fernere, aber in der dritten Phase erfolgt dann wiederum die Rückkehr zur Ausbeutung

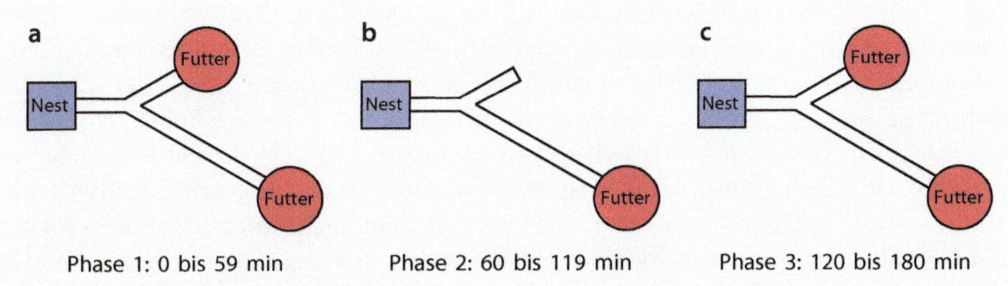

Abb. 3.9 Experiment zur Futtersuche bei *Pheidole megacephala* nach Meyer et al. (2008). In Phase 1 werden zwei Futterstellen in verschiedenen Entfernungen angeboten. Der Schwarm beginnt die nähere Futterquelle auszubeuten. In Phase 2 wird der Weg zur näheren Futterquelle versperrt. Der Schwarm wechselt auf die weiter entfernte Futterquelle. In Phase 3 wird der Weg zur näheren Futterquelle wieder frei gegeben und *Pheidole megacephala* wechselt erneut

der näheren Futterquelle. Dies unterscheidet sich offenbar vom Verhalten der *Lasius niger* (Meyer et al. 2008). Tatsächlich würden auch einfache mathematische Modelle zur Futtersuche, die auf Fixpunktmathematik beruhen, vorhersagen, dass kein Wechsel in der dritten Epxerimentphase stattfindet. Nur wenn die Umgebung ausreichend exploriert wird und dann entsprechend intensiv rekrutiert wird, kann dieser Wechsel stattfinden. Gleichzeitig muss abgewogen werden zwischen einem starken Rauschen, das zu starker Exploration führt, und einem schwachen Rauschen, das dann im Allgemeinen zu genaueren kollektiven Entscheidungen führt.

Es mag erstaunlich klingen, aber auch bei Schwarmrobotern ist Futtersuche ein spannendes Thema. Seit wann müssen denn Roboter nach Nahrung suchen? Bis auf weiteres müssen unsere Roboter ihre Akkus zur Energiegewinnung aufladen, und dazu dient meist eine Ladestation, die auch immer Energie liefert. Nach Energie müssen die meisten Roboter also nicht suchen; dennoch ist Futtersuche als Inspiration für search and retrieval (suchen und zurückbringen) bzw. search and rescue (suchen und retten) interessant. Eine frühe Implementierung eines Futtersuchverhaltens mit Schwarmrobotern ist die Arbeit von Sugawara und Sno (1997), Sugawara et al. (2004). Ein anderes komplexes Schwarmverhalten wurde von Nouyan et al. (2009) auf Schwarmrobotern umgesetzt. Hierbei formieren die Roboter einen Pfad vom Futter zum Nest, um die Roboter, die den kollektiven Transport übernehmen, nach Hause zu leiten (Nouyan et al. 2008). Das vermutlich komplexeste Futtersuche-Schwarmverhalten, das bisher für Schwarmroboter publiziert wurde, ist der heterogene Schwarm von Dorigo et al. (2013). Im Projekt „Swarmanoid“ wurden drei verschiedene Schwarmrobotertypen entwickelt: der Quadrokopter Eye-Bot, ein Hand-Bot mit Greifer und ein Foot-Bot. Der schnelle Eye-Bot sucht mit seiner guten Übersicht das Zielobjekt, die Foot-Bots formieren dann eine Kette als Stafette zur Informationsübertragung und der Hand-Bot klettert auf das Regal, um das Objekt zu greifen. Ähnlich ist das Konzept der Eimerkette, das auch untersucht wurde (Østergaard et al. 2001; Lein und Vaughan 2008). Abschließend noch eine wichtige Arbeit, die ein Problem diskutiert, das eher bei Robotern als bei Insekten auftritt. Insbesondere bei der Futtersuche haben Roboterschwärme das Problem, dass die Objekte alle an die gleiche Stelle, das Nest, zurückgebracht werden sollen. Ist dieser

Zielbereich im Vergleich zur Größe des Schwarms recht klein, dann behindern sich die Roboter dort gegenseitig (Lerman und Galstyan 2002). Unter Umständen kann es dann zu kompletten Blockierungen kommen. Wie in ► Abschn. 2.5 zum Thema der Schwarmleistung besprochen, gibt es in diesem Fall eine optimale Schwarmdichte. Wenn man den Schwarm weiter vergrößert, entstehen Nachteile dadurch, dass sich Roboter gegenseitig behindern. Obwohl sich beispielsweise Ameisen da viel geschickter Verhalten, kann es, wie von Dussutour et al. (2004) beschrieben, auch dort zu Problemen kommen. Wenn eine Ameisenstraße über eine enge Brücke führt, dann drängen Ameisen auf der Brücke zusätzlich zuströmende Ameisen aktiv zurück, um zu kommunizieren, dass dieser Weg seine Kapazitätsgrenze erreicht hat. Ähnliche Verhalten wären also auf Schwarmrobotern zu implementieren, damit diese den Verkehr am Nest regulieren können.

3.5.2 Optimierung

Da sich die kollektive Futtersuche als erstaunlich robust und zuverlässig herausgestellt hat und Ameisen kollektiv z. B. kürzeste Wege finden können (Bonabeau et al. 1999), hat es sich angeboten, diese Verhalten im Computer zu simulieren, um damit typische Optimierungsprobleme zu lösen. Die Probleme müssen dabei nicht auf ähnliche Probleme wie Streckenplanungen beschränkt bleiben. Es gibt eine riesige Anzahl von alltäglichen Optimierungsproblemen, die im Verborgenen jeden Tag gelöst werden müssen. Oft sind das logistische Probleme wie die Einteilung der Besatzungen auf die Flüge einer Fluglinie, die Einteilung der Fahrer auf die Lastwagen einer Spedition oder das Aufteilen der Reise eines Expressbriefes auf Zug, Flugzeug und Lieferwagen. Andere Beispiele sind die Stundenplanerstellung an einer Schule oder einer Universität inklusive der Raumplanung. Für komplexe chemische Produktionen müssen sehr große Mengen an Parametern optimiert werden. Beim Aufbau eines Kommunikationssystems (z. B. eines Mobilfunknetzwerkes) müssen Antennen platziert werden unter den Bedingungen, Kosten zu minimieren und eine hohe Ausfallsicherheit zu garantieren. Aus der Komplexitätslehre der Informatik wissen wir, dass eine Vielfalt schwieriger Probleme letztlich jeweils einander überführt werden können (Papadimitriou 2003). So kann ein Optimierer auf eine Vielzahl von Problemen angewandt werden. Im Gegensatz dazu ist allerdings auch bekannt, dass jedes Problem seinen eigenen besten Optimierer besitzt, was sich in der Praxis aber nicht immer konkret so darstellt (Wolpert und Macready 1997). Letztlich zeigen die erreichten Ergebnisse, dass es sinnvolle Anwendungen für sogenannte Meta-Heuristiken gibt. Das sind Algorithmen, die zwar nicht die theoretisch beste Lösung, aber über eine Vielzahl von Problemen hinweg gute Lösungen liefern.

Ant Colony Optimization (ACO)

Wir betrachten den absoluten Klassiker der Meta-Heuristiken in der Schwarmintelligenz, das ist die Ant Colony Optimization (ACO) von Dorigo et al. (1996), (siehe auch Dorigo et al. 1999; Bonabeau et al. 1999; Floreano und Mattiussi 2008). Wie der Name sagt, kommt die Inspiration aus der Futtersuche der Ameisen mithilfe ihrer Pheromone.

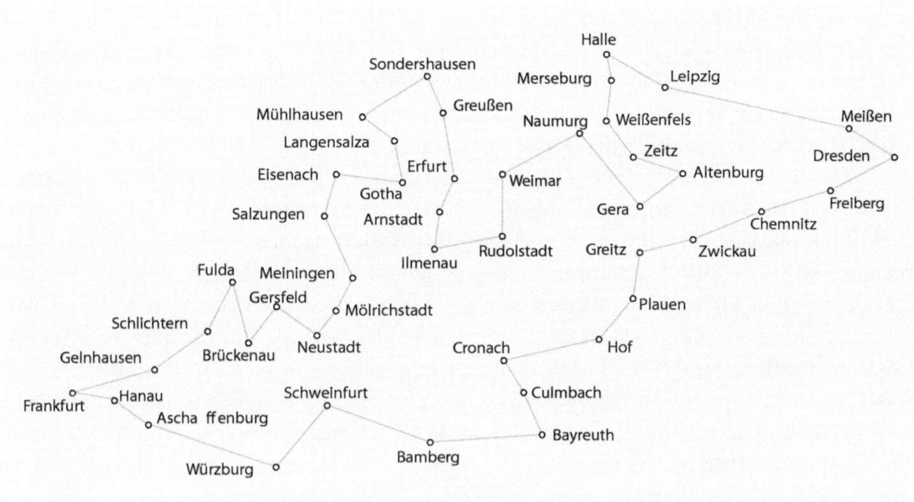

Abb. 3.10 Beispielhafte Rundtour nach einem Handbuch „Der Handlungsreisende – wie er sein soll und was er zu thun hat" aus dem Jahr 1831

Obwohl dieser Ansatz, wie oben gesagt, auf eine Vielzahl an Problemen anwendbar wäre, betrachten wir hier das Problem, das Dorigo und Gambardella (1997) als erstes angegangen waren. Es ist das Problem des Handlungsreisenden (engl. traveling salesman problem, TSP). Ein Handlungsreisender muss eine gegebene Menge von M Städten besuchen. Jede Stadt muss genau einmal besucht werden und die Reise muss in der Stadt enden, in der sie begonnen hat (siehe Abb. 3.10). Der Optimierungsaspekt ist, dass die Gesamtlänge der Rundreise minimal sein soll. Dieses Problem mag auf den ersten Blick recht einfach wirken, ist aber nachweislich sehr schwer (Papadimitriou 2003). Um von einer Landkarte zu abstrahieren, wird das Problem auf einen Graphen abgebildet. Der Graph hat für jede Stadt einen Knoten i und jeder der M Knoten ist mit den von dort erreichbaren Knoten oder mit jedem der restlichen $M - 1$ Knoten mit einer Kante verbunden. Jede Kante zwischen einem Knoten i und einem Knoten j hat eine Länge l_{ij} (oder Gewichtung), die der Entfernung entspricht, die man mit einem Fahrzeug auf öffentlichen Straßen von Stadt i zu Stadt j zurück legen müsste. Eine Rundreise ist die Aufzählung aller Knoten in der gewünschte Reihenfolge. Die Qualität einer Rundreise entspricht der Summe aller Kantenlängen der genutzten Kanten.

Wir folgen hier einer frühen einfachen Variante von ACO, genannt „Ant System" (Dorigo et al. 1996), auf die dann verschiedene verfeinerte und leistungsfähigere Varianten folgten. In der Darstellung der Methode folgen wir hier Floreano und Mattiussi (2008) sowie Bonabeau et al. (1999). Wir haben N Ameisen, die auf dem Graphen herumlaufen und Pheromon platzieren dürfen. Zu Beginn der Suche nach der kürzesten Rundreise erhalten alle Kanten ein wenig Pheromon. Die Wahrscheinlichkeit, dass eine Ameise k die Kante von Knoten i zu Knoten j nutzt, ist definiert durch

$$P_{ij}^k = \frac{\tau_{ij}^a \eta_{ij}^b}{\sum_{e \in U^k}^E \tau_{ie}^a \eta_{ej}^b}, \tag{3.1}$$

wobei τ_{ij} die Menge an Pheromon auf dieser Kante bezeichnet und η_{ij} die Sichtbarkeit der Kante ist, die als Kehrwert der Kantenlänge $1/l_{ij}$ berechnet wird (kurze Kanten sind sichtbarer als lange Kanten). Die Sichtbarkeit ist hier ein heuristisches Maß. Es erscheint auf den ersten Blick clever, einfach immer die sichtbarste Kante zu wählen. Jedoch ist das ein gieriger (engl. greedy) Ansatz, der uns früher oder später in Schwierigkeiten bringen wird. Denn zu einem späteren Zeitpunkt könnten wir uns verzetteln, sodass selbst die kürzeste verbliebene Kante noch immer sehr lang und damit teuer ist. Als Gegengewicht dient hier also das Pheromon, über das wir potenziell auch etwas Weitsicht ins System bringen können. Die Konstanten a und b dienen als Gewichtung. Wählen wir a im Vergleich zu b klein, dann werten wir die Sichtbarkeit als wichtiger. Wählen wir b im Vergleich zu a klein, dann werten wir den Einfluss des Pheromons als wichtiger. Gute Werte für a und b zu finden ist im Prinzip seinerseits ein Optimierungsproblem (also ein Meta-Optimierungsproblem). Die Werte werden meistens experimentell und mit Erfahrung bestimmt. Der Nenner in ▶ Gl. 3.1 summiert über die Produkte aus Pheromonwert und Sichtbarkeit für die Menge aller Kanten E, die von Ameise k von ihrem momentanen Standort Knoten i erreichbar sind, insofern diese in der Menge der noch von Ameise k unbesuchten Knoten U^k sind. Wir werden gleich noch sehen, dass Ameisen Pheromon auf besuchte Kanten ablegen dürfen. So entsteht positives Feedback, da Kanten mit viel Pheromon von mehr Ameisen gewählt werden, was wiederum zu mehr Pheromon führt. Zusätzlich benötigen wir noch einen Mechanismus, der Ameisen mit kurzen Rundreisen belohnt bzw. deren Kantenauswahl fördert.

Sobald alle Ameisen ihre Rundreise beendet haben, legen sie entlang ihrer Route Pheromon der Menge $\Delta\tau_{ij}^k$ pro genutzter Kante ij ab. Der Wert für jede Ameise k ist definiert als

$$\Delta\tau_{ij}^k = \frac{Q}{L^k} \tag{3.2}$$

mit einer Gesamtlänge der Rundreise L^k und einer Konstante Q, die der heuristisch geschätzten kürzesten Rundreise entsprechen sollte. Eine Ameise, die z. B. die doppelte Länge von Q zurück gelegt hat, dürfte also nur einen Wert von $\frac{Q}{2Q} = \frac{1}{2}$ als Pheromon ablegen. Eine Ameise, die lediglich 10 % länger als Q unterwegs war, dürfte dagegen $\frac{Q}{1{,}1Q} \approx 0{,}91$ ablegen. Die Zunahme aller Pheromonwerte ergibt sich dann aus der Summe über die Beiträge aller N Ameisen

$$\Delta T_{ij} = \sum_k^N \Delta\tau_{ij}^k. \tag{3.3}$$

Zudem werden alle Pheromonwerte auch etwas verringert, was wir, der biologischen Inspiration folgend, als Verdunstung bezeichnen. Als Aktualisierungsregel der Pheromonwerte erhalten wir

$$\tau_{ij}^{t+1} = (1-\rho)\tau_{ij}^t + \Delta T_{ij}, \tag{3.4}$$

für den Pheromonverdunstungs-Koeffizienten $0 \leq \rho \leq 1$, der wie die Werte für a und b experimentell bestimmt werden muss. Die Funktion der Verdunstung ist, dass zuvor abgelegtes Pheromon auf inzwischen nicht mehr stark frequentierten Kanten abgebaut wird und so die Wahrscheinlichkeit sinkt, diese auszuwählen. Die Verdunstung erzeugt also ein negatives Feedback. Wenig besuchte Kanten erhalten kaum zusätzliches Pheromon und verlieren eher Pheromon durch die Verdunstung. Dadurch wird die Wahrscheinlichkeit geringer, dass Ameisen diese Kante wählen und entsprechend sinkt der Pheromonwert weiter.

Dieser Ablauf wird hundertfach oder tausendfach iteriert. Eine typische Schwarmgröße ist $N = M$ (Bonabeau et al. 1999), also genau so viele Ameisen wie Städte. Typische Problemgrößen sind $M = 30$ (Bonabeau et al. 1999).

Particle Swarm Optimization (PSO)

Als zweites Beispiel eines Optimierers betrachten wir das Konkurrenzprodukt zu ACO: Particle Swarm Optimization (PSO) von Kennedy und Eberhart (1995). Wir folgen hier der Beschreibung von Floreano und Mattiussi (2008). PSO ist wie ACO biologisch inspiriert, in diesem Falle durch Flocking, also z. B. das Schwarmverhalten von Vögeln. Statt von Vögeln sprechen wir aber von Partikeln (engl. particles). Die Idee ist, dass diese N Partikel sich kollektiv durch den Suchraum bewegen auf der Suche nach dem Optimum. Die Position jedes Partikels ist direkt mit einer Güte assoziiert, letztlich einem Zahlenwert, der die Qualität dieser Position als Lösung eines Suchproblems beschreibt. Die Annahme ist, dass ein Partikel seinen aktuellen Wert mit seinen Nachbarn kommunizieren kann, dass er die Position des besten Nachbarns kennt und dass er die Position seines bisher besten Wertes erinnern kann.

Die Nachbarschaft kann auf verschiedene Weisen definiert werden. Man kann die Nachbarschaft geografisch definieren, dann hängt sie intuitiv wie bei Reynolds (1987) von den Distanzen zwischen den Positionen der Partikel ab (metrisch oder topologisch). Alternativ kann man eine soziale Nachbarschaft definieren. Dann hat jeder Partikel eine vordefinierte, konstante Nachbarschaft, die nicht von der Dynamik des Schwarms abhängt.

Jeder Partikel bewegt sich mit einer bestimmten Geschwindigkeit und Richtung durch den Suchraum. Dazu aktualisiert jeder Partikel seine Position als Kompromiss aus drei Richtungsindikatoren:

- der aktuellen Richtung des Partikels,
- der Richtung, in der der bisher beste Wert des Partikels liegt,
- und der Richtung, in der der momentan beste Nachbar liegt.

Die Aktualisierungsregel der Position x_i eines Partikels i ist

$$x_i^{t+1} = x_i^t + v_i^{t+1} \tag{3.5}$$

für die neue Geschwindigkeit v_i^{t+1} des Partikels. Diese neue Geschwindigkeit erhalten wir, indem wir über die drei oben genannten Richtungen summieren:

$$v_i^{t+1} = av_i^t + b(x_i^b - x_i^t) + c(x_j^t - x_i^t) \tag{3.6}$$

mit den Konstanten $a > 0$, $b > 0$ und $c > 0$ zur Gewichtung. $(x_i^b - x_i^t)$ ist die Differenz aus der Position x_i^b des bisher besten Wertes, den Partikel i gesehen hat, und seiner aktuellen Position x_i^t. $(x_j^t - x_i^t)$ ist die Differenz aus der Position x_j^t des aktuell besten Nachbarns und der aktuellen Position x_i^t des Partikels. ▶ Gl. 3.6 reicht so noch nicht aus, da das Element der Exploration, also der Erforschung neuer Möglichkeiten, fehlt (vgl. ▶ Abschn. 2.2). Dazu verwendet PSO eine einfache Randomisierung, die über zwei Zufallszahlen implementiert wird. Die Multiplikation mit den gleichverteilten Zufallsvariablen $z_b \in [0;\ o_b]$ und $z_c \in [0;\ o_c]$ mit Obergrenzen $o_b > 0$ und $o_c > 0$ liefert

3

$$v_i^{t+1} = av_i^t + bz_b(x_i^b - x_i^t) + cz_c(x_j^t - x_i^t). \tag{3.7}$$

Die typische Schwarmgröße liegt im Bereich von $N \in [20;\ 200]$ Partikeln und die Nachbarschaftsgröße definiert man so, dass ca. 10 % des Schwarms im Durchschnitt Nachbarn sind (Floreano und Mattiussi 2008). Typische Werte für a, b, c, o_b und o_c liegen auf dem Intervall $[0{,}1;\ 1]$. Zu PSO gibt es inzwischen viele erfolgreiche Varianten, z. B. multikriterielle Optimierung (Mostaghim und Teich 2003).

3.6 Kollektiver Transport

Wie in ▶ Abschn. 1.2.1 besprochen erfolgt der kollektive Transport nach McCreery und Breed (2014) in vier Phasen: Entscheidungsphase, Rekrutierungsphase, Organisationsphase und Transportphase. Berman et al. (2011b) untersuchen das Verhalten des kollektiven Transports der Ameise *Aphaenogaster cockerelli*, um Erkenntnisse zu gewinnen, wie ein solches Verhalten auf Schwarmrobotern zu implementieren wäre. Sie unterscheiden dabei etwas feiner in sechs organisatorische Aufgaben. 1) Zusammensetzung eines Transportteams: *Aphaenogaster cockerelli* rekrutieren nach Auffinden einer großen Beute mittels Pheromon, das bis zu zwei Meter weit wirkt. 2) Teamgröße auf Beute abstimmen: Dies läuft bei den meisten Ameisen selbstorganisiert ab, indem so lange rekrutiert wird, bis sich das Objekt bewegen lässt. Oft wird noch während des Transports die Teamgröße adaptiert. 3) Handhabung des Objekts: Die meisten Ameisenspezien greifen das Objekt mit ihren Mandibeln von allen Seiten. Entsprechend führen nicht alle das gleiche Bewegungsschema durch, da die Vorderen rückwärts gehen und ziehen, während die Hinteren vorwärts gehen und schieben und alle anderen seitwärts gehen müssen. 4) Selbstorganisierte Teamkoordination: Die Koordination scheint meist ohne Führung zu erfolgen, sodass die Ameisen oft ihre Position und ihre Orientierung zum Objekt wechseln. Dies scheint auch bei der Überwindung von Hindernissen hilfreich zu sein. Die Koordination erfolgt also indirekt über das zu transportierende Objekt und die dadurch übertragenen Kräfte. 5) Teamarbeit und Arbeitsaufteilung: Bei manchen Spezien erfolgt eine Rollenverteilung nach Größe der Ameisen. 6) Richtungsorientierung des Teams: Bei manchen Spezien scheint eine Untergruppe zu navigieren und die anderen folgen; jedoch muss letztlich jedes Teammitglied die Richtung kennen, da viele Wechsel in der Position erfolgen. Ein Pheromonpfad kann zur Navigation dienen, öfter sind es aber wohl Landmarken.

Berman et al. (2011b) untersuchen das Transportverhalten von *Aphaenogaster cockerelli* mittels innovativer visueller Kraftsensoren. Das zu transportierende Objekt wurde aus weichem Kunststoff produziert, war zwischen zwei und drei Gramm schwer und zwischen sechs und acht Zentimeter groß. Daran waren Sprungfedern befestigt, die

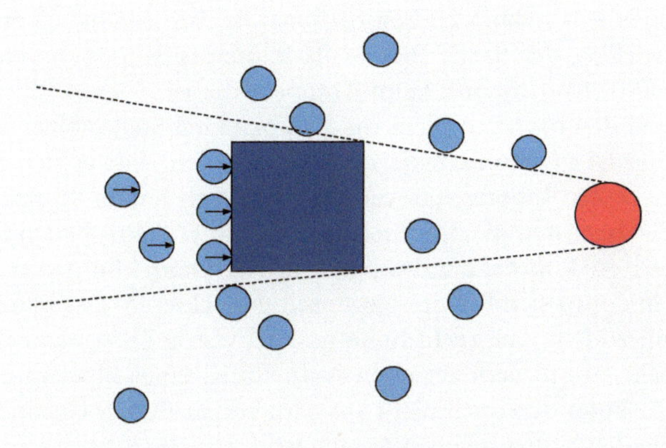

Abb. 3.11 Kollektiver Transport eines Objekts (Quadrat) durch Schwarmroboter (blaue Kreise) nach dem Prinzip der Verdeckung (Chen et al. 2015). Der rote Kreis rechts markiert den Zielbereich. Roboter, die das rote Ziel nicht sehen, versuchen das Objekt zu schieben

so eingestellt waren, dass sie sich bereits bei den geringen Kräften durch die Ameisen leicht verbogen. Diese Verbiegungen konnten dann per Videokamera dokumentiert und analysiert werden. Berman et al. (2011b) fanden heraus, dass der Transport mit einer ungeordnete Phase beginnt, auf die eine koordiniertere Phase folgt, die durch stärkere Kooperation charakterisiert ist. Mit steigender Teamgröße steigt auch die Gruppenleistung, die jedoch ab einem bestimmten Schwellwert eine Sättigung erreicht.

Ein minimalistischer Ansatz für den kollektiven Transport mit einer Vielzahl von Robotern wurde von Chen et al. (2015) vorgestellt. Die Roboter benötigen hier keine besonderen Fertigkeiten. Jeder Roboter versucht das zu transportierende Objekt zu schieben, wenn er gerade keinen direkten Blickkontakt zum Zielbereich hat. Der Zielbereich ist mit einem roten Objekt markiert, das die Roboter mit ihrer Kamera erkennen können. Steht zwischen dem Roboter und dem Ziel jedoch das zu transportierende Objekt, dann verdeckt dieses das Ziel und der Roboter wird versuchen, das Objekt zu verschieben (siehe Abb. 3.11). Einige Roboter agieren gleichzeitig, wobei sie nicht miteinander kommunizieren müssen. Indem die Roboter das Objekt von der dem Ziel abgewandten Seite her anschieben, wird das Objekt tatsächlich zum Ziel hin transportiert. Chen et al. (2015) haben diesen verblüffend einfachen Ansatz mit 20 Robotern und drei Objekten verschiedener Form getestet. In einer Simulation haben die Autoren auch den Transport im dreidimensionalen Raum getestet; dies würde etwa einem schwimmenden Mikroroboterschwarm in Flüssigkeiten entsprechen.

3.7 Kollektives Bauen

Da wir uns in ► Abschn. 1.2.1 bereits mit der biologischen Seite des kollektiven Bauens befasst haben, gehen wir noch kurz auf ein paar Schwarmrobotersysteme zum kollektiven Bauen ein. Die bekannteste Veröffentlichung zu diesem Thema stammt von Werfel

3

et al. (2014), wie in ► Abschn. 1.2.3 besprochen. Die Autoren haben einen kleinen Spezialroboter entwickelt, der flache Blöcke als Baumaterial aufnehmen und auf seinen Rücken legen kann. Der Roboter kann Treppen, die aus diesen Blöcken gebaut sind, hinaufsteigen und den nächsten Block an der korrekten Stelle ablegen. Selbst für einen einzelnen Roboter ist es schon schwierig sicherzustellen, dass er sich dabei nicht selbst einbaut. So könnte der Roboter z. B. versehentlich sich seinen Rückweg verbauen und so nicht mehr den nächsten Block aufnehmen. Da wir kollektiv bauen möchten, müssen wir zusätzlich weitere Roboter parallel bauen lassen. Dann könnten zusätzlich Situationen entstehen, in denen sich Roboter gegenseitig blockieren. Das Bauen mit derartigen Blöcken verlangt zudem eine recht hohe und schwierig zu erreichende Präzision der Roboter. Das beginnt mit dem gezielten Aufnehmen eines Blocks und reicht bis zum Platzieren; der Roboter darf auch nicht aus dem konstruierten Gebäude abstürzen.

Ebenso wie in den biologischen Systemen ist es auch im Schwarmrobotiksystem eine Herausforderung, wie der einzelne Agent mit seinen ausschließlich lokalen Informationen Bautätigkeiten durchführen kann, die in der Summe auch tatsächlich zum Ziel führen, also zu einer sinnhaften, funktionalen Gesamtkonstruktion. Werfel et al. (2014) haben das mit informatischen Mitteln gelöst, indem die gewünschte Form des Gebäudes mittels eines Übersetzers (engl. compiler) in lokale Regeln umgesetzt wird, die dann von einem einzelnen Roboter durchgeführt werden können. Die Idee ist, sich wiederum dem Konzept der Stigmergie (siehe ► Abschn. 2.4) zu bedienen. Eine bestimmte lokale Konfiguration von bereits abgelegten Blöcken (also wo Blöcke liegen und wo keine liegen) dient dem Roboter als Hinweis, was er als nächstes zu tun hat. So fährt er z. B. um einen Block weiter, dreht auf der Stelle oder legt seinen Block ab. Um Blockierungen zu vermeiden, werden geschickt Nebenbedingungen formuliert und der Compiler rechnet einige Varianten durch, um funktionierende lokale Regeln zu finden.

Ein weiteres Beispiel für ein Schwarmrobotersystem, das auf Blöcken zum Bau basiert, ist das System von Allwright et al. (2014, 2017). Diese Roboter haben eine Art Gabelstaplerfunktion. In diesem Falle nimmt der Roboter den Block also nicht auf den Rücken, sondern kann die Blöcke wie ein Gabelstapler auch in der Höhe platzieren. Dabei verwenden Allwright et al. (2014) extra für diesen Zweck entwickelte „smart blocks", die eine erweiterte Ausnutzung des Stigmergiekonzepts bringen soll. So kann der Roboter mit den Blocks kommunizieren und deren inneren Zustand (signalisiert durch farbige LEDs) verändern. Dieser Zustand hilft dann wiederum anderen Robotern dabei, die korrekten lokalen Regeln anzuwenden. So kann die Farbe z. B. die Bauebene angeben (erster Stock rot, zweiter Stock blau, etc.).

Eine spannende Idee ist es, Quadrokopter zum Bauen zu benutzen, wie dies Augugliaro et al. (2014) tun. Hierbei handelt es sich allerdings um ein Kunstprojekt. Die Quadrokopter haben einen sechs Meter hohen Turm aus Schaumstoffblöcken gebaut. Dazu wurde globale Information genutzt, indem ein Motion-Capture-System eingesetzt wurde. Das Vicon-T-40-System nutzt 19 Kameras, um das Lokalisierungsproblem der Roboter zu lösen. Die Quadrokopter wissen also zu jedem Zeitpunkt exakt an welcher Stelle im Raum sie sich befinden.

Weitere interessante Ansätze stammen von Napp und Nagpal (2014), die Roboter mit verschiedenen Materialien Rampen bauen lassen oder von Gauci et al. (2014), die erstaunlich einfache Roboterverhalten vorschlagen, um Objekte zu aggregieren.

3.8 Weiterlesen

Zum Flocking und allgemein zur kollektiven Bewegung gibt es einen sehr empfehlenswerten und besonders umfangreichen Artikel von Vicsek und Zafeiris (2012). Zum kollektiven Bauen bei Tieren sind die sehr schönen Bücher von von Frisch (1974) und Hansell (1984) zu empfehlen. Übersichtsartikel zur Schwarmrobotik sind publiziert worden von Brambilla et al. (2013) und Bayindir (2015). Ansonsten ist es empfehlenswert, die im Kapitel jeweils angegeben Artikel als Startpunkt zu nehmen und sich dann selbst durch die Literatur zu wühlen.

Aufgaben

▪ Aufgabe 3.1 – Aggregation in Robotersimulation

Wähle einen Robotersimulator und initialisiere eine Roboterarena mit 20 zufällig verteilten Robotern. Alle Roboter sollten Instanzen des gleichen Steueralgorithmus haben.

a) Programmiere ein Verhalten, das einen Roboter anhält, sobald er in die Nähe eines anderen Roboters kommt. Dafür brauchen die simulierten Roboter Sensoren, die nahegelegene Roboter erkennen. Möglicherweise ist es einfacher, einen solchen Sensor vorzutäuschen, indem einfach Distanzen zwischen den Robotern berechnet und abgefragt werden.
b) Erweitere das Programm, um die Zeit, für die ein Roboter anhält, auf eine definierte Wartezeit zu beschränken. Wenn ein Roboter dann wieder erwacht und beginnt sich zu bewegen, könnte es je nach Implementierung sein, dass der Roboter sofort wieder anhält. Die Idee ist jedoch, dass ein Roboter zumindest einen kleinen Robotercluster verlassen kann, bevor er wieder stoppt. Überlege Dir eine Strategie, um dieses Verhalten zu implementieren und ändere das Programm entsprechend.
c) Teste verschiedene Parameter und optimiere die Implementierung, sodass der Roboterschwarm am Ende in einem einzigen großen Cluster aggregiert. Roboter dürfen den Cluster zwecks Exploration zeitweise verlassen, sollten aber bald wieder zurückkehren und keinen zweiten Cluster starten.

▪ Aufgabe 3.2 – Dispersion in Robotersimulation

Wähle einen Robotersimulator und initialisiere eine Roboterarena mit 20 Robotern, die nahe beieinanderstehen. Implementiere eine einfache Strategie für ein Dispersionsverhalten, sodass sich die Roboter gleichmäßig in der Arena verteilen.

a) Welche Möglichkeiten zur Implementierung von Dispersionsverhalten gibt es, wenn ein Roboter mittels Sensoren die Entfernung und die Richtung, in der jeder Nachbar liegt, ermitteln kann? Welche Möglichkeiten bleiben, wenn der Roboter mit seinen Sensoren nur eine der zwei Informationen, also entweder Entfernung oder Richtung, ermitteln kann?
b) Wie unterscheiden sich die Vorgehensweisen, wenn wir entweder erlauben, dass Roboter isoliert sind, also keine Nachbarn mehr sehen, oder zur Bedingung machen, dass jeder Roboter immer mindestens einen Nachbarn haben muss? Wie

kann man zusätzlich garantieren, dass alle Roboter Bestandteil einer großen Zusammenhangskomponente sind, d. h. von jedem Roboter es einen (multi-hop) Pfad zu jedem anderen Roboter im Schwarm gibt?

■ Aufgabe 3.3 – Flocking in simpler Simulation

Implementiere eine vereinfachte Simulation für Flocking. Agenten sind lediglich Punkte im Raum, kennen die Fahrtrichtung ihrer Nachbarn und der Raum ist ein Torus (Pacman-artig: Wer rechts rausfährt, kommt wieder links rein etc.).

a) Miss mit einem Histogramm über eine Vielzahl unabhängiger Simulationsläufe hinweg die Verteilung der Fahrtrichtungen der Agenten relativ zur aktuellen durchschnittlichen Fahrtrichtung des Schwarms. Wir messen also Winkel relativ zum Durchschnittswinkel auf dem Intervall $[-\pi, +\pi]$ über die Zeit (ein Winkel von Null entspricht der durchschnittlichen Schwarmrichtung). Zu Beginn der Simulation sollte das der Initialisierung entsprechend eine Gleichverteilung sein. Je länger die Simulation gelaufen ist, umso mehr sollte sich eine eindeutige Häufung um die Null herum ergeben. Führe die Messungen durch, plotte und analysiere das Ergebnis.
b) Führe eine weitere ähnliche Messung durch. Nun messen wir aber nicht die Häufigkeit der verschiedenen Fahrtrichtungen selbst, sondern die durchschnittliche Größe der Nachbarschaft in Abhängigkeit von der Fahrtrichtung über die Zeit. Je nach Initialisierung würden wir erwarten, dass die Anzahl der Nachbarn über alle Winkel hinweg mit der Zeit zunimmt. Zusätzlich könnte man erwarten, dass wiederum um den Winkel Null herum größere Nachbarschaftsgrößen zu beobachten sind.

■ Aufgabe 3.4 – Brazil nut effect

Implementiere das Sortierverfahren nach Chen et al. (2012) in einer Robotersimulation. Die Roboter sollen also an einer Lichtquelle aggregieren. Dabei gibt es zwei Robotertypen mit verschiedenen Kollisionsvermeidungsradien. Gelingt es auch, drei und mehr Typen ringförmig zu aggregieren? Hilft es, wenn man Arena und Schwarmgröße groß wählt? Wie kann man den Prozess des Sortierens effizienter gestalten, also durch bestimmte Verhalten beschleunigen?

■ Aufgabe 3.5 – Ant Colony Optimization

Implementiere die Ant Colony Optimization (ACO) und versuche eine Instanz des Problems des Handlungsreisenden zu lösen. Dazu kann man entweder selbst Probleminstanzen generieren und zufällig Städte im Raum verteilen oder man kann bekannte Probleminstanzen herunterladen,[1] was den Vorteil hat, dass man dann die beste Route kennt und die Leistung des eigenen Algorithmus abschätzen kann. Experimentiere mit den verschiedenen Parametern und untersuche deren Einfluss auf die Leistung. Plotte die Länge der bisher besten gefundenen Lösung über die Zeitschritte.

---

1 ▸ https://wwwproxy.iwr.uni-heidelberg.de/groups/comopt/software/TSPLIB95/tsp/

■ Aufgabe 3.6 – Particle Swarm Optimization

Implementiere die Particle Swarm Optimization (PSO). Als Benchmark-Funktion nehmen wir das Ackley-Problem in drei Dimensionen. Die zu minimierende Funktion ist

$$\begin{aligned} f(x, y, z) = -20 \exp\left(-0{,}2\sqrt{1/3(x^2 + y^2 + z^2)}\right) \\ - \exp\left(1/3(\cos(2\pi x) + \cos(2\pi y) + \cos(2\pi z))\right) + 20 + \exp(1) \end{aligned} \tag{3.8}$$

auf dem Intervall $x, y, z \in [-32{,}768; 32{,}768]$. Experimentiere mit den verschiedenen Parametern und untersuche deren Einfluss auf die Leistung. Plotte die bisher beste gefundene Lösung über die Zeitschritte.

Modelle

H. Hamann, *Schwarmintelligenz*,
https://doi.org/10.1007/978-3-662-58961-8_4

Wir erfahren, was bei der Modellierung von Schwarmsystemen besonders ist. Mit den Ratengleichungen und speziellen Differentialgleichungen für die räumliche Modellierung lernen wir zwei Techniken kennen. Abschließend lernen wir, wie man Schwarmverhalten mittels der Definition für Selbstorganisation erkennen und automatisch erzeugen kann.

Modellbildung ist ein essenzieller Teil des wissenschaftlichen Arbeitens. In der Schwarmintelligenz ist die Modellierung wichtig, da wir es meistens mit komplexen, großen Systemen zu tun haben. Das Modellieren von Systemen verfolgt drei Ziele: Abstraktion, Vereinfachung und Formalisierung. Beim Abstrahieren lassen wir bewusst Systemteile weg, damit das Modell handhabbar wird. Die große Frage ist, wie für jeden Bestandteil die Abwägung getroffen werden kann, ob er wichtig genug ist, um Teil des Modells zu werden, oder ob man ihn weglassen kann. Das ist immer wieder eine kreative Arbeit bei der Modellerstellung. Vereinfachung bedeutet, dass das Modellsystem nicht nur abstrakter, sondern auch tatsächlich einfacher und somit leichter verständlich wird. Die Formalisierung ist wohl das schwierigste und gleichzeitig das potentiell mächtigste Ziel. Ein gut formalisiertes Modell erlaubt es uns, mittels Logik und Mathematik zu neuen Erkenntnissen zu kommen. Mit formalen Herleitungen erhalten wir zusätzlich zum intuitiven Zugang und Verständnis einen weiteren Hebel, mit dem wir neue Einsichten erhalten können.

In der Schwarmintelligenz bedeutet Modellierung meistens auch Dimensionsreduktion. Jeder Agent im Schwarm hat Freiheitsgrade, d. h. er kann sich im mehrdimensionalen Raum bewegen und er hat einen inneren Zustand. Für die Summe eines Schwarms bedeutet das, dass wir hunderte oder tausende Freiheitsgrade haben, die dynamisch sind und vielfältig miteinander korrelieren. Damit kann unser Gehirn nur schlecht umgehen. Daher sind Modellierungstechniken in der Schwarmintelligenz von elementarer Bedeutung. Zuerst diskutieren wir aber noch den Grund, warum Schwarmmodellierung meistens sehr herausfordernd ist: das Mikro-Makro-Problem.

4.1 Mikro und Makro

Schwarmsysteme bestehen immer aus zwei qualitativ verschiedenen Ebenen.

Einerseits haben wir die **mikroskopische Ebene** (oder lokale Ebene) des einzelnen Individuums, Agenten oder Roboters (siehe ◘ Abb. 4.1). Die mikroskopische Ebene ist charakterisiert durch die eingeschränkte, lokale Sicht des Individuums, beschränktes Wissen über die Welt, Ungewissheit und lediglich primitive Aktionen.

Abb. 4.1 Die zwei Ebenen eines Schwarms. Makroskopisch: Schwarmebene und globale Sicht; mikroskopisch: Einzelebene und lokale Sicht

Andererseits haben wir die **makroskopische Ebene** (oder globale Ebene) des gesamten Schwarms. Die makroskopische Ebene ist charakterisiert durch globale Sicht und vollständiges Wissen, den vollen Überblick. Meistens ist die Aufgabe des Schwarms makroskopisch definiert (z. B. der Schwarm soll an der wärmsten Stelle aggregieren).

Für die Biologin entsteht dadurch die Herausforderung, aus dem beobachteten makroskopischen Verhalten des Schwarms das mikroskopische Verhaltensmodell des Einzeltieres zu extrahieren. Für die Schwarmingenieurin entsteht gleichfalls die Herausforderung, aus der makroskopisch beschriebenen Aufgabe für den Schwarm, das Verhalten des Einzelroboters herzuleiten. Dem Einzelroboter stehen aber nur lokale Informationen zur Verfügung. Man muss also den Roboter auf Basis dieser lokalen Information programmieren; der beabsichtigte makroskopische Effekt steht dabei quasi zwischen den Codezeilen. Auch der umgekehrte Schritt, vom Mikroskopischen auf das Makroskopische zu schließen, ist problematisch. Viele mikroskopische Aktionen sollen zusammenwirken und über viele lokale Interaktionen ein großes makroskopisches Ganzes schaffen. Um das zu erwartende Verhalten vorherzusagen, müsste man also diese Vielzahl an Interaktionen und deren Wirkung antizipieren. Darin ist der Mensch aber nicht gut. Typischerweise haben wir schon Schwierigkeiten, auch nur die Abseitsregel im Fußball zu erklären, wo doch lediglich einige wenige Agenten miteinander agieren. Noch viel schwieriger ist es, zu einem gegebenen Schwarmroboterprogramm oder Verhaltensmodell das dadurch entstehende Schwarmverhalten vorherzusagen.

Den Zusammenhang zwischen mikroskopischer und makroskopischer Betrachtung herzustellen, ist ein altbekanntes Problem aus der Soziologie (Alexander et al. 1987) und dann später auch aus dem Fachbereich der Verteilten Künstlichen Intelligenz (Schillo et al. 2000). Man kann das Mikro-Makro-Problem in seiner Bedeutung und Reichweite aber kaum unterschätzen, da es über viele wissenschaftliche Disziplinen hinweg auftritt. So ist die Kondensation (Übergang von gasförmig zu flüssig, z. B. beim Beschlagen der kühlen Bierflasche im Sommer) genauso schwer korrekt zu modellieren wie die Nukleation (z. B. Gefrieren von Wasser oder Kondensstreifen von Flugzeugen), wo

4

Abb. 4.2 Zwei alternative Beispiele für Modellierungsherausforderungen im Sinne des Mikro-Makro-Problems: Kondensation bei einem beschlagenden Glas (links) und Nukleation bei den Kondensstreifen eines Flugzeugs (rechts)

zwischen Theorie und Experiment z. T. Abweichungen von vielen Größenordnungen liegen (Schmelzer 2006; Fladerer und Strey 2006). Sowohl bei der Kondensation als auch bei der Nukleation (siehe Abb. 4.2) sind viele mikroskopisch interagierende Moleküle am Werk, während die Zustände flüssig oder fest makroskopisch sind. Selbst die Modellierung dieser „Schwärme aus nicht-autonomen Agenten" ist zu komplex für unsere momentanen mathematischen Fertigkeiten. Ein monumentaleres Problem ist zu modellieren, wie bei der Skalierung von einem einzelnen Neuron auf große Mengen vernetzter Neuronen Bewusstsein entsteht. Auch diese Schlüsselfrage der Menschheit kann man als Mikro-Makro-Problem betrachten. So verwundert es also nicht, dass wir auch bei unseren biologischen und technischen Schwarmsystemen immer wieder große Schwierigkeiten haben, gut funktionierende Modelle zu finden (Hamann 2010). Jedesmal, wenn wir die Grenzen von Mikro zu Makro oder umgekehrt überschreiten, müssen wir also mit Problemen rechnen.

4.2 Ratengleichungen

Eine populäre Modellierungstechnik für Schwärme sind die Ratengleichungen. Vor allem in den Anfängen der Schwarmrobotik war dies einer der wichtigsten Modellansätze (Martinoli 1999; Martinoli et al. 2004; Lerman et al. 2005). Ratengleichungen stammen ursprünglich aus der Chemie, um chemische Reaktionen und deren Reaktionsraten zu beschreiben. Eine simple Ratengleichung ist $r = kAB$. Wir haben zwei Reaktionspartner, die hier durch ihre Konzentrationen A und B gegeben sind. Die Konstante k ist der Ratenkoeffizient. Für eine chemische Reaktion $A + B \rightarrow C$ können wir mit der Reaktionsrate eine gewöhnliche Differentialgleichung (DGL) notieren

$$\frac{dC}{dt} = kAB \tag{4.1}$$

für Konzentrationen A, B und C. Die Veränderung der Konzentration von C ist also proportional zum Produkt der Konzentrationen A und B. In der Chemie wird diese Gleichung durch ein fundamentales Gesetz, das Massenwirkungsgesetz, motiviert. Wir können aber auch einen einfachen, intuitiven Zugang finden, wenn wir die Konzentrationen A und B als Wahrscheinlichkeiten interpretieren. Wenn wir statistische Unabhängigkeit unterstellen, beide Reaktionspartner an einem Ort vorzufinden, dann können wir die Wahrscheinlichkeiten multiplizieren und erhalten die Wahrscheinlichkeit, beide vorzufinden. Es kommt also mit dieser Wahrscheinlichkeit zur Reaktion, die dann mit der Rate k abläuft.

Wir möchten hier eigentlich keine Chemie betreiben, sondern Schwärme modellieren. Dazu müssen wir die Bedeutung der obigen ► Gl. 4.1 umdeuten. Statt der Konzentrationen der Reaktionspartner, haben wir nun Anteile des Schwarms, die sich in einem bestimmten Zustand befinden. Wenn wir einen Roboterschwarm betrachten, dessen Roboter mit endlichen Automaten programmiert wurden, dann können wir A und B als Schwarmanteil an Robotern in Zustand A und Zustand B interpretieren. Statt chemischer Reaktionen haben wir Transitionen, d. h. Roboter wechseln ihren inneren Zustand. Solch eine Transition kann durch Sensoreingaben oder durch Interaktionen zwischen Robotern ausgelöst werden. So könnte ein Roboter des Zustands A so programmiert sein, dass er eine Transition zum Zustand B durchführt, wenn er einem Roboter im Zustand B begegnet.

Wir hantieren also mit Schwarmanteilen in bestimmten Zuständen (z. B. explorierend, heimkehrend, ausweichend). Somit ist der Modellierungsansatz per Ratengleichungen makroskopisch, probabilistisch und nicht räumlich. Wir verzichten ja darauf, Positionen für jeden Agenten festzuhalten. Ohne spezifizierte Positionen nehmen wir implizit eine Gleichverteilung der Agenten im Raum an, d. h. für jeden Ort ist es gleichwahrscheinlich, einen Agenten in einem bestimmten Zustand anzutreffen. Die Modellierung mit Ratengleichungen geht also einher mit der Annahme einer guten Durchmischung.

Da das Grundprinzip der Ratengleichungen recht simpel ist, beginnen wir gleich mit einem kleinen Beispiel. Wir folgen dabei dem Artikel von Lerman und Galstyan (2002) über ein Nahrungssucheszenario (engl. foraging). Die Roboter müssen „Pucks" suchen (kleine, runde Gegenstände), diese einsammeln und nach Hause transportieren. Dabei sollen die Roboter Hindernisse sowie andere Roboter vermeiden. Zu Beginn fahren die Roboter zufällig umher, um nach Pucks zu suchen. Um einen einfachen Einstieg in die Ratengleichungen zu bekommen, lassen wir alle weiteren Verhalten, die Lerman und Galstyan (2002) beschreiben (Pucks detektieren, Heimfahrt, in Basisstation einfahren, Wegfahren von der Basisstation), zunächst weg. Wir konzentrieren uns auf zwei einfache Zustände: Suche von Pucks und Verhinderung von Hindernissen und anderen Robotern (siehe ◘ Abb. 4.3).

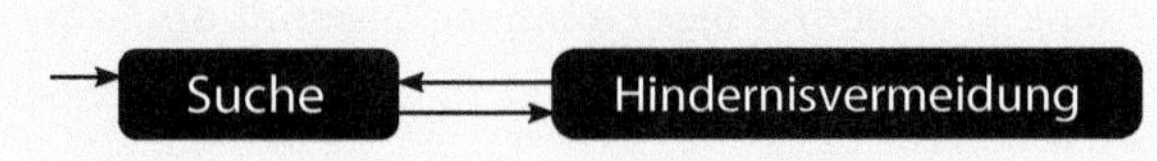

◘ **Abb. 4.3** Einfacher endlicher Zustandsautomat für unser Beispiel der Ratengleichung

Für unser Modell dieses vereinfachten Systems definieren wir $N_s(t)$ als die Anzahl an Robotern, die im Zeitschritt t im Zustand *Suche* sind. $N_h(t)$ ist die Anzahl an Robotern, die zur Zeit t im Zustand *Hindernisvermeidung* sind. Wir können problemlos einen Erhaltungssatz aufstellen, nämlich dass die Gesamtzahl an Robotern konstant bleibt. Somit erhalten wir

$$N_s(t) + N_h(t) = N \tag{4.2}$$

für Schwarmgröße N. Zusätzlich definieren wir $M(t)$ als die Anzahl an noch nicht eingesammelten Pucks zur Zeit t. Wir definieren α_r als den Ratenkoeffizienten für den Fall, einen anderen Roboter zu erkennen. Ratenkoeffizient α_p definieren wir für den Fall, einen Puck zu detektieren.

Was genau definieren wir mit diesen Raten und woher kommen diese? Einige spezifische Eigenschaften des Roboters gehen in den Ratenkoeffizienten ein, z. B. wie er per Sensorik einen anderen Roboter detektiert. Das erscheint recht schwierig, es kann jedoch manchmal auf einfachen geometrischen Argumenten basieren; etwa der Öffnungswinkel des Sensors und seiner Reichweite. Wenn wir also den Sensor wechseln oder einen ganz anderen Robotertyp verwenden würden, dann müssten wir auch den Ratenkoeffizienten entsprechend anpassen. Positiv ausgedrückt heißt das, dass unser Modell in der Lage ist, auch diese spezifischen Eigenschaften des Roboters abzubilden.

Natürlich reichen diese Definitionen noch nicht aus, wir benötigen noch ein Modell des zeitlichen Ablaufs. Wenn ein suchender Roboter ein Hindernis detektiert (eine Wand oder einen anderen Roboter), dann wird er für einen Zeitraum τ ein Hindernisvermeidungsverhalten durchführen. In einer normalen Implementierung eines solchen Hindernisvermeidungsverhaltens wäre die Zeit τ nicht konstant. Jedoch möchten wir das Modell einfach halten und nehmen τ als konstant an. Als nächstes müssen wir uns damit beschäftigen, wie wir die Ratengleichungen aufstellen können. Als erste Situation betrachten wir den Fall, dass sich zwei Roboter, die jeweils in einem bestimmten Zustand sind, begegnen. Die Anzahl an suchenden Robotern sinkt, wenn sich zwei suchende Roboter begegnen und in den Zustand *Hindernisvermeidung* wechseln. Wir sollten ebenfalls den Fall nicht vergessen, dass ein suchender Roboter einem anderen Roboter begegnet, der bereits im Hindernisvermeidungsverhalten ist. Auch in diesem Fall sinkt die Zahl der suchenden Roboter. Weiterhin wissen wir, dass die Zahl suchender Roboter $N_s(t)$ steigt, wenn ein Hindernisvermeidungsroboter zurück in den Zustand *Suche* wechselt. Wann passiert das? Der Roboter muss zur Zeit $t - \tau$, also vor τ Zeiteinheiten, in *Hindernisvermeidung* gewechselt sein.

Für die Anzahl an Hindernisvermeidungs-Robotern N_h könnten wir nun ganz ähnliche Überlegungen anstellen. Jedoch brauchen wir keine Gleichung für die Dynamik von N_h, da wir über die Robotererhaltung, also die Schwarmgröße und $N_s(t)$, die Anzahl der Hindernisvermeidungs-Roboter berechnen können.

Zur Definition der Ratengleichungen wandeln wir die absoluten Anzahlen an Robotern um in Anteile der Roboter des jeweiligen Zustands am Schwarm:

$$n_s = \frac{N_s}{N} \tag{4.3}$$

für den Anteil suchender Roboter und

$$n_h = \frac{N_h}{N} = 1 - \frac{N_s}{N} = 1 - n_s \tag{4.4}$$

für den Anteil an Robotern, die Hindernisse vermeiden. Diese Schwarmanteile kann man in Anlehnung an obige chemische Überlegungen als Konzentrationen von Robotern interpretieren oder als Wahrscheinlichkeiten, Roboter eines bestimmten Zustandes vorzufinden.

Wir stellen nun einen Term auf, der die Dynamik suchender Roboter n_s beschreibt. n_s wird kleiner, wenn sich zwei suchende Roboter begegnen. Diese Transitionen sind vom Ratenkoeffizient α_r abhängig. Wichtig zu vermerken ist, dass zwei Transitionen gleichzeitig stattfinden (beide Roboter wechseln in *Hindernisvermeidung*). Die andere mögliche Situation ist, dass ein suchender Roboter einem Hindernisvermeider begegnet. In Analogie zu dem oben genannten chemischen Fall kAB sprechen wir also über die Raten $\alpha_r n_s n_s$ und $\alpha_r n_s n_h$. Den ersten Fall müssen wir doppelt gewichten, da gleich zwei Roboter auf einmal wechseln. Somit erhalten wir

$$-2\alpha_r n_s^2 - \alpha_r n_s n_h. \tag{4.5}$$

Wie besprochen können wir n_h durch $1 - n_s$ ersetzen. Wenn wir zusätzlich ausmultiplizieren und summieren, erhalten wir

$$-\alpha_r n_s^2 - \alpha_r n_s. \tag{4.6}$$

Das notieren wir nochmals etwas anders (vgl. Lerman und Galstyan 2002) als

$$-\alpha_r n_s (n_s + 1). \tag{4.7}$$

Was nun noch fehlt ist der Term für die Fälle mit wachsender Anzahl an suchenden Robotern. Müssen wir uns dazu wirklich viele Gedanken machen? Natürlich nicht, denn die Anzahl an Robotern, die zur Zeit t aus *Hindernisvermeidung* ausscheiden und wieder suchend werden, sind genau diejenigen, die zur Zeit $t - \tau$ die Transition in umgekehrter Richtung begangen haben. Diese haben wir bereits in ▶ Gl. 4.7 modelliert. Wir benutzten diesen Term also nochmals, jedoch mit invertiertem Vorzeichen und der Zeitdifferenz $t - \tau$. Wenn wir nun alles zusammenbauen, erhalten wir

$$\frac{dn_s(t)}{dt} = -\alpha_r n_s(t)(n_s(t) + 1) + \alpha_r n_s(t - \tau)(n_s(t - \tau) + 1)). \tag{4.8}$$

Jetzt haben wir eine retardierte Differentialgleichung (engl. delay differential equation) erhalten, die im Allgemeinen mathematisch anspruchsvoll und schwierig zu lösen ist. Aber hier soll uns das nicht weiter stören, da wir die Gleichung auf einfache Weise numerisch lösen können.

Ähnlich wie für n_s und n_h können wir auch den Anteil an noch nicht eingesammelten Pucks mit $m(t) = \frac{M(t)}{M(0)}$ definieren. Die entsprechende Ratengleichung ist

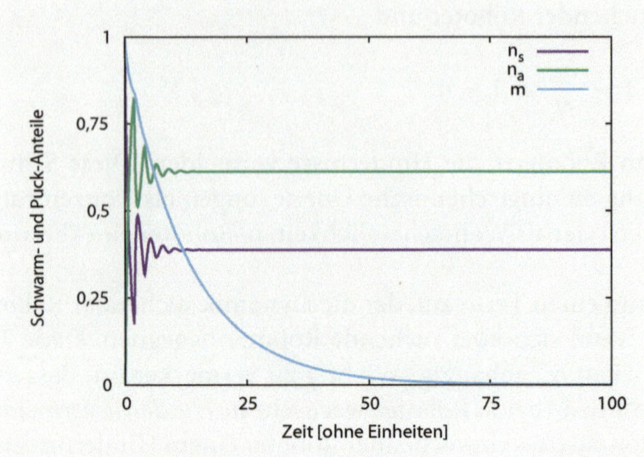

Abb. 4.4 Beispiel der Ratengleichungen, numerische Lösung eines Anfangswertproblems (► Gl. 4.8 und 4.9, $\alpha_r = 0{,}6$; $\alpha_p = 0{,}2$; $\tau = 2{,}0$; $n_s(0) = 1$; $m(0) = 1$)

$$\frac{dm(t)}{dt} = -\alpha_p n_s(t) m(t). \tag{4.9}$$

Mit den Gl. 4.8 und 4.9 können wir nun unseren Roboterschwarm für den sehr einfachen Zustandsautomaten in Abb. 4.3 modellieren. Zuerst müssen wir ein paar konkrete Werte definieren. Wir setzen beliebig $\alpha_r = 0{,}6$, $\alpha_p = 0{,}2$ und $\tau = 2{,}0$. Wir sagen, dass zu Beginn alle Roboter suchend sind, also $n_s(0) = 1$. Zu Beginn sollen auch noch alle Pucks ungefunden herumliegen, also $m(0) = 1$. Aus mathematischer Sicht erhalten wir so ein Anfangswertproblem, das wir hier auf einfache Weise numerisch lösen (Press et al. 2002). Als Ergebnis erhalten wir Modellvorhersagen des zeitlichen Verlaufs suchender und Hindernisvermeidungs-Roboter, sowie die Puck-Anteile. In Abb. 4.4 ist ein entsprechendes Diagramm zu sehen.

Die anfänglichen Oszillationen für $t < 15$ mögen etwas seltsam anmuten, man sollte sie aber tatsächlich für retardierte Differentialgleichungen erwarten und es ist recht wahrscheinlich, dass man diese Oszillationen sogar im Durchschnitt über mehrere Roboterexperimente sehen kann. Man erkennt die vollständige Symmetrie zwischen n_s und n_h aufgrund unseres Erhaltungssatzes $n_s = 1 - n_h$. Wir beenden unseren Ausflug in die Welt der Ratengleichungen hier, aber um das gesamte Nahrungssucheszenario gemäß Lerman und Galstyan (2002) umzusetzen, müssten wir noch einige zusätzliche Zustände und Transitionen betrachten. Die ► Gl. 4.8 und 4.9 sind entsprechend erweiterbar.

4.3 Räumliche Modelle

Um unser räumliches Modell für Schwärme zu entwickeln, begeben wir uns auf eine kleine Reise, die an einer unerwarteten Stelle beginnt. Wir starten biologisch, aber nicht zoologisch, sondern erstaunlicherweise botanisch. Im Jahr 1827 hatte der schottische

Botaniker Robert Brown unter seinem Mikroskop Pollenkörner in einem Wassertropfen beobachtet (Brown 1828). Wie so oft beginnt also auch diese Geschichte einer ungewöhnlichen Entdeckung mit einer eher seltsamen Tätigkeit, zu der sich nur ein sehr geduldiger Mensch hinreißen lässt. Die Pollenkörner bewegten sich ruckartig hin und her, wofür es damals noch keine Erklärung gab. Brown spekulierte zunächst auf eine den Pollen innewohnende Lebenskraft. Heute bezeichnen wir das als Brownsche Bewegung und wissen, dass es sich hierbei um Wärmebewegung handelt. Das Pollenkorn erhält eine Vielzahl an Stößen durch die umgebenden Moleküle. Inwiefern könnte Robert Browns Beobachtung für unsere Modellierung nützlich sein? Eine Ameise und ein Schwarmroboter bewegen sich zwar nicht so willkürlich wie ein Pollenkorn in Wasser, aber gelegentlich zeigen sie eher zufällige Bewegung. Sie gehen mal in die eine und dann die andere Richtung, bis wieder eine Zeit lang eine stärker gerichtete Bewegung vorherrscht. Das nehmen wir zum Anlass, unser Modell als ein Bewegungsmodell zufälliger Fortbewegung zu beginnen.

Lässt sich die Brownsche Bewegung mathematisch modellieren? Viele berühmter Physiker haben sich damit beschäftigt: Einstein (1905), von Smoluchowski (1906) und Langevin (1908); später dann auch Norbert Wiener und Kiyosi Itô. Wir können also auf reichhaltige Methoden der Physik und Mathematik zurückgreifen, werden die Mathematik im Folgenden aber möglichst simpel halten. Wir sind auch nicht die ersten, die mobile Agenten mittels Brownscher Bewegung modellieren. Wichtig ist hier das Buch von Schweitzer (2003) sowie Arbeiten aus der Schwarmrobotik (Hamann 2010; Prorok et al. 2011; Berman et al. 2011a). Wir entwickeln erst ein mikroskopisches Modell und leiten daraus dann unser makroskopisches Modell her. Somit ist dieser Modellierungsansatz von besonderer Eleganz, weil er einer der wenigen ist, der das Mikro-Makro-Problem direkt mathematisch abbildet.

4.3.1 Mikroskopisches Modell

Gedanklich beschränken wir uns für den Moment auf ein räumlich eindimensionales Modell. Unser Pollenkorn oder unser Schwarmagent kann sich also nur in zwei Richtungen, vor und zurück, bewegen. Angenommen wir könnten in sehr regelmäßigen Zeitschritten Δt jede Verschiebung des Partikels messen, dann würden wir eine Reihe von Messungen $X_1, X_2, X_3, \ldots$ erhalten. Diese Messungen könnten wir wiederum als eine Zeitreihe über eine Menge von Zeitschritten T notieren:

$$\{X_t : t \in T\}. \tag{4.10}$$

Um ein allgemeines Modell zu erhalten, müssen wir uns natürlich von der Idee konkreter Messungen in einem einzelnen Experiment trennen. Was wären die X_t im Allgemeinen, wenn wir über viele Experimente mitteln würden? Die Messungen würden vermutlich einer bestimmten Wahrscheinlichkeitsverteilung folgen, die wir wiederum messen könnten. Daher können wir die X_t als Zufallsvariablen denken und $\{X_t : t \in T\}$ beschreibt somit einen stochastischen Prozess. Für ein räumliches Modell unseres Agenten möchten wir seine Position im Raum repräsentieren. Diese bezeichnen wir mit $R(t)$, also des Agenten Position R zum Zeitpunkt t. Angenommen, wir kennen die initiale Position

$R(0)$ unseres Agenten, dann können wir mit der Zeitreihe $\{X_t : t \in T\}$ alle folgenden Positionen notieren. Schließlich hatten wir gesagt, dass die Reihe $X_1, X_2, X_3, \ldots$ die räumlichen Verschiebungen des Agenten beschreiben. Wir können also eine Reihe

$$R(0),\ R(0) + X_0,\ R(0) + X_0 + X_1, \ldots \tag{4.11}$$

notieren. Das ist offensichtlich etwas umständlich, also definieren wir die Relativbewegung $\Delta R(t) = R(t) - R(t - \Delta t)$ des Agenten. Mittels des oben bereits genannten Zeitschritts Δt können wir jetzt eine Gleichung für den räumlichen Versatz des Agenten pro Zeitschritt schreiben als

$$\frac{\Delta R(t)}{\Delta t} = X_t. \tag{4.12}$$

Diese Gleichung beschreibt einerseits das Pollenkörnchen des Herrn Brown, aber unserer Annahme folgend auch eine zufällig umherirrende Ameise oder einen zufällig agierenden Roboter. Man kann dieses Modell als Diffusionsmodell bezeichnen, auch wenn das in seiner mikroskopischen Form mathematisch nicht offensichtlich ist. Ein Partikel, der sich dieser Gleichung gemäß bewegt, führt eine ungerichtete Zufallsbewegung aus, was einem diffundierenden Partikel entspricht. Dies ist in der Form leider kein besonders ausgereiftes Modell, es bleibt also noch Arbeit zu tun.

Bis jetzt kann unser Schwarmagent nur zufällig agieren. Wir würden uns wünschen, dass er auch gezielte Bewegungen durchführen kann. Zur Erweiterung unseres Modells starten wir damit, dass der Agent versucht, sich konstant in eine bestimmte Richtung zu bewegen. Gleichzeitig ist der Agent wie bisher aber noch anderen Einflüssen ausgeliefert, sodass er weiterhin auch zufällige Bewegungen ausführt. Mathematisch bilden wir das ab, indem wir einfach einen konstanten Wert c addieren:

$$\frac{\Delta R(t)}{\Delta t} = c + X_t. \tag{4.13}$$

In unserem zweidimensionalen Raum gibt es nur zwei Richtungen. Der Agent bewegt sich konstant nach rechts für $c > 0$ oder nach links für $c < 0$ und ist gleichzeitig zufälligen Bewegungen ausgesetzt. Dieses Modell kann man als Diffusion mit Drift bezeichnen: Der Agent ist einerseits zufälligen Kräften ausgeliefert, die für den Diffusionsanteil sorgen; andererseits folgt er einer deterministischen Bewegung, die für den Driftanteil sorgt. Eine weitere Verallgemeinerung des Modells erhalten wir, indem wir Koeffizienten a und b einführen, die sich in Abhängigkeit des Raumes R und der Zeit t ändern dürfen, also $a(R, t)$ und $b(R, t)$. Wir erhalten

$$\frac{\Delta R(t)}{\Delta t} = a(R, t)c + b(R, t)X_t. \tag{4.14}$$

Diese Gleichung entspricht bereits im Wesentlichen der oben kurz erwähnten Arbeit von Langevin (1908). Eine Langevin-Gleichung ist eine stochastische Differentialgleichung (unsere Notation hier entspricht allerdings einer Differenzengleichung), die Langevin (1908) definierte zur Beschreibung eines Partikels unter dem Einfluss von Diffusion mit Drift. Somit haben wir jetzt bereits ein recht mächtiges Modell erhalten.

In ◘ Abb. 4.5 sind links vier Beispieltrajektorien gezeigt, die mit ► Gl. 4.14 erzeugt wurden mit den Parametern $a(R,t) = a = 0{,}1$; $b(R,t) = b = 0{,}3$; Schrittweite $\Delta t = 0{,}01$ und Stößen X_t, die auf Länge $|X_t| \leq 1$ beschränkt waren. Die gestrichelte Linie zeigt den Erwartungswert, also die erwartete durschnittliche Bewegung aufgrund der Drift (für $t = 10$ ist die erwartete Endposition $R(10) = 10a = 1$). Rechts in ◘ Abb. 4.5 ist die numerisch erhobene Häufigkeit der verschiedenen Endpositionen des simulierten Agenten als Histogram dargestellt. Diese wurde mittels 5×10^5 Stichproben in der Simulation ermittelt. Die Ähnlichkeit mit einer Normalverteilung ist erwartet, da es sich hier um einen Diffusionsprozess handelt. Würden wir über längere Zeiträume simulieren, würde die Varianz weiter steigen und entsprechend die Gaussglocke immer breiter werden.

Auch wenn wir hier ein mikroskopisches Modell erstellen, ist trotzdem die Frage gestattet, wie wir die Interaktion von Agenten mit diesem Modell darstellen können. Wenn sich ein Agent in der Nähe von anderen Agenten verschieden verhalten soll, dann können wir das mikroskopisch über einen Zustandsautomaten modellieren, ähnlich wie wir das in ► Abschn. 4.2 getan hatten. Es muss ein Zustandsübergang modelliert werden, der für den gegebenen Zustand Z_1 die Bedingung abprüft, ob Agenten in der Nähe sind. Falls dies der Fall ist, wird in einen anderen Zustand Z_2 gewechselt. Das Verhalten des Agenten für die beiden Zustände kann durch Anpassung der Funktion $a(R,t)$ modelliert werden, sodass wir für beide Zustände eine spezifische Funktion $a_1(R,t)$ und $a_2(R,t)$ erhalten.

Eine Abwicklung der Interaktionen zwischen den Agenten durch Überprüfen der Distanzen zwischen den Agenten, ist recht rechenintensiv. Daher ist der Vorteil unseres mikroskopischen Modells im Vergleich zu einer Robotersimulation nur bedingt gegeben. Wir haben aber eine Formularisierung und eine kurze Zusammenfassung des

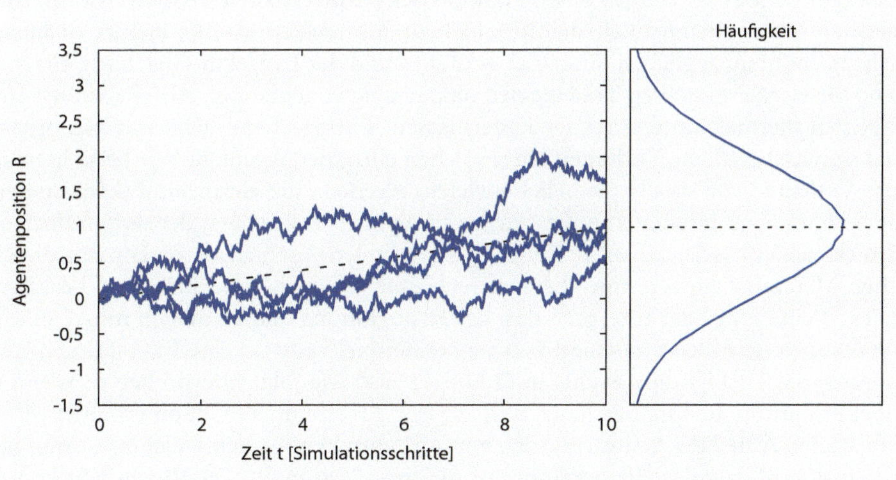

◘ **Abb. 4.5** Links: Beispieltrajektorien, erstellt anhand von ► Gl. 4.14. Rechts: Histogramm über Häufigkeiten der Endpositionen (5×10^5 Stichproben in der Simulation)

Agentenverhaltens erhalten. Die Verallgemeinerung unseres Modells auf zweidimensionale oder dreidimensionale Räume ist problemlos möglich. Dazu müssten wir nur eine entsprechende Vektorschreibweise einführen. Für weitere Details zu diesem Ansatz verweise ich auf Hamann (2018b) Kapitel 5.

4.3.2 Makroskopisches Modell

Zu dem in ► Gl. 4.14 gegebenen mikroskopischen Modell möchten wir nun ein makroskopisches Modell herleiten. Besonders faszinierend ist, dass zur Langevin-Gleichung als mikroskopischer Beschreibung tatsächlich eine mathematisch herleitbare makroskopische Beschreibung existiert. Wir könnten dies nun Schritt für Schritt durchführen, jedoch ist die Herleitung recht komplex. Es gibt bereits eine allgemeine Herleitung, die schon vor über hundert Jahren von den Physikern Fokker (1914) und Planck (1917) gefunden und publiziert wurde. Die Gleichung ist als die Fokker-Planck-Gleichung in die Wissenschaftsgeschichte eingegangen. Eine sehr gute Darstellung einer möglichen Herleitung der Fokker-Planck-Gleichung aus der Langevin-Gleichung liefert Haken (1977) und Risken (1984) hat der Fokker-Planck-Gleichung ein komplettes Buch gewidmet.

Bevor wir uns die Gleichung selbst anschauen, müssen wir noch eine kurze Vorarbeit leisten, um das Konzept zu verstehen. Bis jetzt haben wir die mikroskopische Gleichung, die beschreibt, wie ein einzelner Agent sich über die Zeit durch den Raum bewegt. Das korrespondierende makroskopische Modell muss dagegen das Gesamtverhalten des Schwarms liefern. Was genau ist das Schwarmverhalten hier und wie könnten wir es repräsentieren? Da hilft ein zweiter Blick auf ◘ Abb. 4.5. Auf der linken Seite sehen wir dort die vier beispielhaften Trajektorien. Auf der rechten Seite sehen wir das Histogramm über die Endpositionen aus einer großen Stichprobe. Für unser Bewegungsmodell stellt das Histogram das Schwarmverhalten dar bzw. die zugrunde liegende Wahrscheinlichkeitsdichte. Jetzt fehlt uns noch ein zweiter kleiner Gedankenschritt. Im ursprünglichen Sinne der ► Gl. 4.14 und der Langevin-Gleichung allgemein sind die vier dargestellten Trajektorien unabhängig voneinander. Also haben wir einen Agenten viermal hintereinander laufen lassen. Entsprechend zeigt das Histogramm das durchschnittliche Verhalten eines solchen einzelnen Agenten. Wir bräuchten aber das Verhalten von vier (bzw. beliebig vielen) Agenten, die gleichzeitig (koexistierend) agieren und ggf. interagieren. Ob wir einen Agenten betrachten, der tausendfach eine Strecke abläuft, oder einen Schwarm aus tausenden Agenten – wir können die gleichen Methoden nutzen, um Histogramme und Wahrscheinlichkeiten zu berechnen. Dies ist eine Frage der Interpretation des Histogramms und zusätzlich müssen die Interaktionen natürlich modelliert sein (unser Beispiel hatte ja keine Interaktionen). Wir können das Histogramm rechts in ◘ Abb. 4.5 also wie folgt interpretieren: Wenn wir über bestimmte Raumbereiche (z. B. $R \in [1; 3, 5]$) summieren, dann erhalten wir den erwarteten Anteil des Schwarms, den wir dort antreffen werden. Wichtig ist nun noch zu verstehen, dass das Histogramm nur für einen Zeitpunkt $t = 10$ gilt. Wir könnten auch ein Histogramm für jeden beliebigen Zeitpunkt t ermitteln und dann betrachten, wie sich dieses Histogramm mit der Zeit verändert. Genau das liefert uns die Fokker-Planck-Gleichung. Ähnlich wie oben führen wir die Fokker-Planck-Gleichung in der

Notation als Differenzengleichung ein,

$$\frac{\Delta\rho(R,t)}{\Delta t} = -\frac{\Delta(a(R,t)\rho(R,t))}{\Delta R} + \frac{1}{2}Q\frac{\Delta^2(b^2(R,t)\rho(R,t))}{\Delta R}, \tag{4.15}$$

wobei die Zähler der drei Brüche und die Variablen wie folgt definiert sind: Die zeitliche Veränderung der Wahrscheinlichkeitsdichte ρ ist definiert als

$$\Delta\rho(R,t) = \rho(R,t) - \rho(R,t-\Delta t). \tag{4.16}$$

Der Zähler des Driftterms ist definiert als

$$\Delta(a(R,t)\rho(R,t)) = a(R,t)\rho(R,t) - a(R-\Delta r,t)\rho(R-\Delta r,t), \tag{4.17}$$

für eine Gittergröße Δr, die die Diskretisierung des Raumes, also die Raumauflösung, ähnlich dem Zeitschritt Δt beschreibt. Der Zähler des Diffusionsterms ist definiert als

$$\begin{aligned}\Delta^2(b^2(R,t)\rho(R,t)) =& b^2(R,t)\rho(R+\Delta r,t) - 2b^2(R,t)\rho(R,t)\\ &+ b^2(R-\Delta r,t)\rho(R,t)\,.\end{aligned} \tag{4.18}$$

Dies ist die numerische Gleichung nach der Finite-Differenzen-Methode (Press et al. 2002), die eventuell einfacher zu verstehen ist als die originale kontinuierliche Notation

$$\frac{\partial\rho(R,t)}{\partial t} = -\nabla(a(R,t)\rho(R,t)) + \frac{1}{2}Q\nabla^2(b^2(R,t)\rho(R,t)), \tag{4.19}$$

die auf dem Nabla-Operator $\nabla = (\frac{\partial}{\partial r_1}, \frac{\partial}{\partial r_2}, \ldots)$ basiert (∇ beschreibt hier die erste Ableitung nach dem Raum, somit erhalten wir den gewünschten Driftterm; ∇^2 beschreibt die zweite Ableitung nach dem Raum, was dann zu dem gewünschten Diffusionsterm führt). ρ ist also die Wahrscheinlichkeitsdichte für die Position eines Agenten bzw. gemäß unserer Interpretation für die Verteilung des gesamten Schwarms im Raum und entspricht dem Histogramm rechts in ◘ Abb. 4.5. Die Veränderung dieser Dichte über die Zeit wird durch ► Gl. 4.15 und 4.19 beschrieben. Wir können die Dichte ρ über ein Raumintervall W integrieren

$$s(t) = \int_{R\in W} \rho(R,t), \tag{4.20}$$

dann erhalten wir den erwarteten Anteil des Schwarms $0 \leq s(t) \leq 1$ innerhalb dieses Raumes W für den Zeitpunkt t. Der erste Term hinter dem Gleichheitszeichen in ► Gl. 4.15 und 4.19 beschreibt also den Driftterm ähnlich dem Driftterm in der Langevin-Gleichung (► Gl. 4.14). Er modelliert, dass die Dichte der definierten Drift zufolge quasi fließt. Das können wir anhand von ◘ Abb. 4.5 intuitiv verstehen, indem wir uns denken, dass die Gaussglocke bzw. deren Durschnittswert der gestrichelten Linie über die Zeit nachfolgt. Der zweite Term hinter dem Gleichheitszeichen ist der Diffusionsterm und entspricht dem stochastischen Anteil der Langevin-Gleichung. Der Effekt ist, dass Spitzen in der Wahrscheinlichkeitsdichte flacher werden und die Dichte

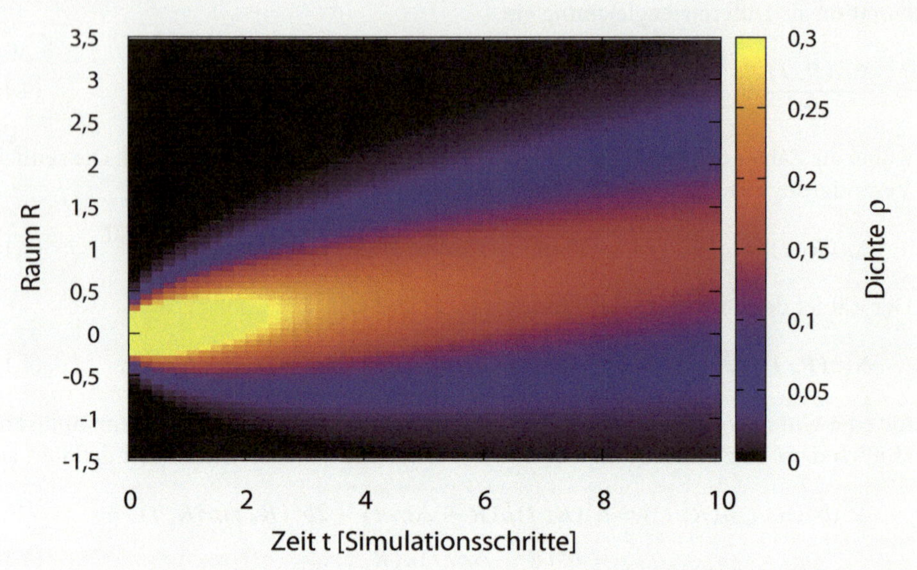

Abb. 4.6 Wahrscheinlichkeitsdichte in Raum und Zeit gemäß der Fokker-Planck-Gleichung 4.15 und in direkter Korrespondenz zu Abb. 4.5 mit Parametern $a(R, t) = a = 0{,}1$ und $b(R, t) = b = 0{,}3$

quasi in die Täler fließt. Die Konstante Q entsteht aus Eigenschaften des stochastischen Prozesses X_t und modelliert im Wesentlichen die Stärke der Stöße (im Sinne der Brownschen Bewegung).

Um ein konkretes Schwarmsystem anhand der Fokker-Planck-Gleichung zu untersuchen, müssen wir eine anfängliche Verteilung der Roboter im Raum definieren und erhalten so aus mathematischer Sicht ein Anfangswertproblem. ► Gl. 4.15 lässt sich dann numerisch lösen, z. B. mit einem expliziten Euler-Verfahren (Press et al. 2002). Für die Konstellation, wie wir sie in Abb. 4.5 für die Langevin-Gleichung durchgespielt hatten, ist in Abb. 4.6 die über die Fokker-Planck-Gleichung ermittelte Wahrscheinlichkeitsdichte $\rho(R, t)$ dargestellt. Da wir nun ein makroskopisches Modell haben, sind keine einzelnen Trajektorien mehr darstellbar, sondern wir erhalten ausschließlich das Gesamtverhalten des Schwarms. Gleichzeitig entfällt auch Rechenaufwand, den wir zur Simulation eines Schwarms in jedem mikroskopischen System hätten, etwa die Berechnung der paarweisen Distanzen zwischen Agenten.

Für weitere Details zu komplexeren Schwarmmodellen mit der Mikro-Makro-Kombination aus Langevin-Gleichung und Fokker-Planck-Gleichung verweise ich auf Hamann (2018b), (2010) und Correll und Hamann (2015).

4.4 Schwarmverhalten erkennen und erzeugen

Schwarmverhalten werden selbstverständlich in der Biologie untersucht, aber eben auch in den Ingenieurwissenschaften angewandt. Die Herangehensweise unterscheidet sich bei den beiden Fächern fundamental. Die Biologie befasst sich vorrangig mit dem

Verhalten von Tieren. Durch geschickte Experimente werden Verhaltensmodelle falsifiziert und verfeinert. Es wird versucht, die als feststehend angenommenen Schwarmverhalten der Tiere zu bestimmen. Man ist von Beginn an mit komplexen Systemen beschäftigt, die es dann in kleinere, verstehbare Einheiten zu zerlegen gilt. Im Ingenieurwesen werden die natürlichen Schwarmverhalten als Inspiration genutzt und neue Schwarmverhalten z. B. mittels Robotern künstlich erzeugt. Man startet also mit einem leeren Blatt Papier und baut dann schrittweise ein neues komplexes System auf. Hier steht nicht der Erkenntnisgewinn im Vordergrund, sondern das Finden und Erstellen von effizienten und robusten Lösungen für technische Probleme. Kurzgefasst kann man sagen, dass die Biologie bestehende Schwarmverhalten verstehen möchte, während man im Ingenieurwesen Schwarmverhalten erzeugen möchte. Was aber beide Herangehensweisen gemeinsam haben, ist ein Makro-Mikro-Makro-Prozess. Der gedankliche Verstehensablauf geht zumindest im Ideal vom makroskopischen Verhalten aus, das in ein mikroskopisches Verhalten übertragen wird, um dann anhand des Verhaltensmodells oder anhand des Steueralgorithmus wieder prüfend zur makroskopischen Ebene zurückzukehren.

Im Folgenden beleuchten wir diese zwei Aspekte des Schwarmverhaltens. Wir beginnen mit dem Erkennen von Schwarmverhalten. Wir gehen davon aus, dass bereits ein potenzielles Schwarmverhalten existiert, das wir darauf prüfen möchten, ob es tatsächlich selbstorganisiert ist, wie in ▶ Abschn. 2.2 definiert. Als zweites untersuchen wir dann, wie Schwarmverhalten erzeugt werden kann. Neben eher herkömmlichen Methoden wie verhaltensbasierten Entwurfsstrategien für Roboteralgorithmen gehen wir auch auf zwei automatische Entwurfsstrategien ein: Reinforcement Learning und Evolutionäre Robotik.

4.4.1 Schwarmverhalten erkennen

Wenn ich ein Verhalten von Tieren oder Robotern beobachte, wie kann ich wissen, ob sie ein Schwarmverhalten zeigen? Eine solche Überlegung muss direkt mit der Definition, wie wir sie in ▶ Abschn. 2.1 kennen gelernt haben, zusammenhängen. Unsere Zielsicherheit beim Erkennen von Schwarmverhalten kann also nur so gut sein, wie unsere Definition. Diese fiel jedoch recht einfach aus, sodass wir eigentlich nur darauf achten müssen, ob es eine Vielzahl an Agenten gibt und diese irgendeine Form von Mustern formieren. Es wird erst eine echte wissenschaftliche Herausforderung, wenn wir die Definition für Selbstorganisation hinzunehmen (▶ Abschn. 2.2). Das Erkennen der Vielzahl an Interaktionen nehmen wir als gegeben an. Die Abwägung zwischen Verwertung und Erforschung (engl. exploration-exploitation tradeoff) stellen wir für den Moment zurück, da es in dieser abstrakten Form schwierig zu behandeln ist. Was bleibt, ist also die korrekte Identifikation von positivem und negativem Feedback.

Damit wir das anhand eines Beispiels durchspielen können, bauen wir uns schnell ein einfaches Modell für kollektives Entscheiden, wie es dann ausführlicher in ▶ Kap. 5 besprochen wird (insbesondere das Schwarm-Urnenmodell aus ▶ Abschn. 5.3.1). Nehmen wir an, dass jeder Agent in einem von zwei Zuständen sein kann: A oder B. Diese Zustände sollen den Meinungen der Agenten im kollektiven Entscheidungsprozess

4

entsprechen, d. h. ob sie aktuell für Option A oder Option B stimmen. In einem Schwarm der Größe N gebe es a Agenten, die für Option A sind und b Agenten, die für Option B sind. Es gilt also $N = a + b$. Der Schwarmanteil $\alpha = \frac{a}{N}$, gibt an wie groß der Anteil von Agenten am Schwarm ist, die momentan für Option A stimmen. Wir können nun ein wenig Wahrscheinlichkeitstheorie betreiben und ausrechnen, wie groß die Wahrscheinlichkeit ist, dass ein Agent in seiner Meinung von A auf B wechselt. Zur Vereinfachung nehmen wir an, dass ein Agent immer genau zwei Nachbarn hat, deren Meinung er ermitteln kann. Wenn beide Nachbarn derselben Meinung sind, z. B. A, dann wechselt der betrachtete Agent seine Meinung zu A, sofern er bisher für B war, ansonsten bleibt er bei A. Umgekehrtes gilt für den Fall, dass beide Nachbarn für B sind. Sollten sich die Nachbarn nicht einig sein, dann wechselt der Agent seine Meinung nicht. Die Wahrscheinlichkeit für einen Meinungswechsel von B zu A ist demnach

$$P_{B \to A}(\alpha) = (1 - \alpha)\alpha^2, \tag{4.21}$$

was der Situation BAA entspricht. Die Wahrscheinlichkeit, einen Agenten in Zustand B zu finden, ist $P(B) = (1 - \alpha)$; und entsprechend umgekehrt ist die Wahrscheinlichkeit für einen Agenten in A dann $P(A) = \alpha$. Die Wahrscheinlichkeit für eine BAA-Nachbarschaft ergibt sich aus dem Produkt $(1 - \alpha)\alpha\alpha$. Für den Meinungswechsel von A nach B gilt entsprechend

$$P_{A \to B}(\alpha) = (1 - \alpha)^2\alpha, \tag{4.22}$$

was der Situation ABB entspricht. Warum beschäftigen wir uns gerade mit solch kleinteiligen Dingen wie Dreiergruppen von Agenten? Wir wollen doch komplette Schwarmverhalten erkennen. Nun, aus den obigen Gleichungen können wir ein makroskopisches Modell für das Gesamtverhalten erstellen. Das Gesamtverhalten können wir zumindest teilweise untersuchen, indem wir uns anschauen, wie sich der Schwarmanteil $\alpha = \frac{a}{N}$ über die Zeit entwickelt. Das könnten wir entweder messen oder wir versuchen, ein Modell für die durchschnittliche Entwicklung von α zu entwickeln. Wir bezeichnen die Veränderung von α in einem (angenommenen diskreten) Zeitschritt Δt als $\Delta\alpha$ und können diese wie folgt modellieren: $\Delta\alpha$ ist positiv, wenn wir einen Meinungswechsel von B nach A beobachten (es gibt dann einen A-Agenten mehr). $\Delta\alpha$ ist negativ, wenn wir einen Meinungswechsel von A nach B beobachten (ein A-Agent weniger). Wenn wir zusätzlich annehmen, dass genau ein Agent einen solchen Meinungswechsel pro Zeitschritt Δt vornimmt, erhalten wir

$$\frac{\Delta\alpha(\alpha)}{\Delta t} = \frac{1}{N} P_{B \to A} - \frac{1}{N} P_{A \to B} = \frac{1}{N}((1 - \alpha)\alpha^2) - \frac{1}{N}((1 - \alpha)^2\alpha). \tag{4.23}$$

Diese Gleichung kann man am ehesten mithilfe der grafischen Darstellung in ◘ Abb. 4.7 verstehen. Wenn A-Agenten in der Minderheit sind $(0 < \alpha < 0,5)$, dann werden es tendenziell noch weniger $(\Delta\alpha < 0)$. Wenn A-Agenten in der Mehrheit sind $(0,5 < \alpha < 1)$, dann werden es tendenziell noch mehr $(\Delta\alpha < 0)$. Dies entspricht unserer Definition für positives Feedback.

Unsere Zielsetzung ist es, Schwarmverhalten zu erkennen. Für unser Beispiel des kollektiven Entscheidens haben wir bereits eine gewisse Form der Musterbildung

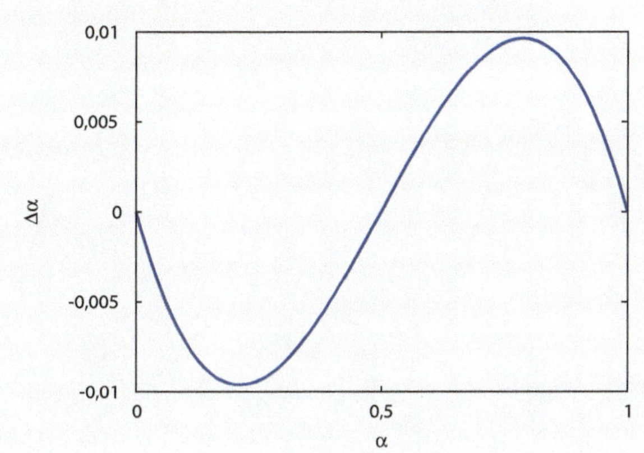

Abb. 4.7 Die erwartete durchschnittliche Veränderung $\Delta\alpha$ des Schwarmanteils α für ▶ Gl. 4.23 (Schwarmgröße $N = 10$)

(Formierung eines Konsens), eine Vielzahl an Interaktionen und positives Feedback erkannt. Uns fehlen noch die Abwägung zwischen Verwertung und Erforschung (engl. exploration-exploitation tradeoff) und das negative Feedback. Gibt es in obigem Beispiel negatives Feedback, d. h. eine mäßigende Kraft, die Abweichungen ausregelt? Eigentlich werden für jeden möglichen Schwarmanteil α Abweichungen (die momentane Meinungsmehrheit) verstärkt. Was ist mit den extremen Werten $\alpha = 0$ und $\alpha = 1$? Das sind die beiden Möglichkeiten eines Konsenses, also entweder sind alle Agenten der Meinung B ($\alpha = 0$) oder alle Agenten der Meinung A ($\alpha = 1$). Diese Zustände sind absorbierend, d. h. wenn das System diese Zustände erreicht, werden sie nie wieder verlassen. Schließlich begegnet für $\alpha = 0$ jeder B-Agent ausschließlich anderen B-Agenten und wird so in seiner Meinung bestätigt. Kann man das als negatives Feedback ansehen? Das System explodiert offensichtlich nicht, sondern konvergiert auf einen dieser zwei Zustände. Das System kommt zum Halten, da ihm eine Ressource ausgeht, nämlich die Minderheitsmeinung. Daher kann man diesen Vorgang als negatives Feedback bezeichnen. Es ist aber offensichtlich ein Grenzfall.

Es bleibt also noch die Abwägung zwischen Verwertung und Erforschung. In den Zuständen $\alpha = 0$ und $\alpha = 1$ gibt es keine Erforschung etwa anderer möglicher Meinungen. Ist das ein Problem? Es wird zu einem Problem, wenn die Umgebung dynamisch ist, d. h. wenn neue mögliche Meinungen entstehen können. Ein bereits konvergiertes System würde dies nämlich nicht bemerken. Wir brauchen also eine Art Kundschafter, die ständig nach neuen Möglichkeiten Ausschau halten. Ein gutes Beispiel wäre die Futtersuche bei Bienen oder Ameisen. Bereits bekannte Futterquellen werden natürlich durch Sammlerinnen ausgebeutet, aber die Umgebung wird weiterhin mit Kundschafterinnen erforscht, um neue Futterquellen zu identifizieren. Übertragen auf unser Beispiel heißt das, auch die andere Meinung zuzulassen. Wie können wir unser System anpassen und eine Art von Kundschafterinnen erlauben? Ein einfacher Weg ist, jedem Agenten zu erlauben, einen spontanen Meinungswechsel durchzuführen. Wir können definieren, dass ein Agent mit fünfprozentiger Wahrscheinlichkeit einen spontanen Meinungswechsel

4

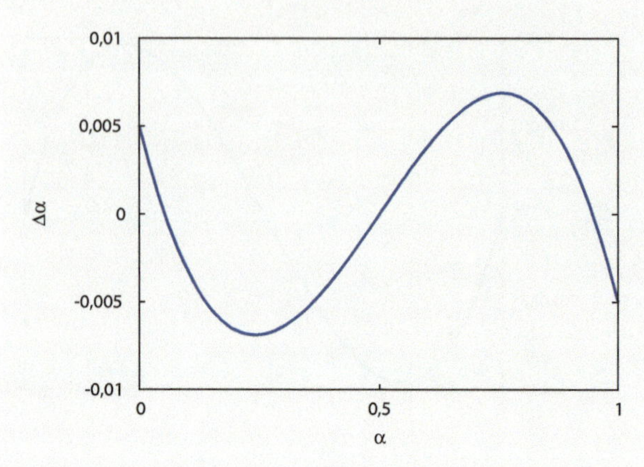

Abb. 4.8 Die erwartete durchschnittliche Veränderung $\Delta\alpha$ des Schwarmanteils α für Gl. 4.24 (Schwarmgröße $N = 10$)

durchführt. Ohne hier auf die mathematischen Überlegungen einzugehen, können wir die obige ► Gl. 4.23 entsprechend anpassen und erhalten

$$\frac{\Delta\alpha(\alpha)}{\Delta t} = \frac{1}{N}((1-\alpha)\alpha^2 - 0{,}05\alpha) - \frac{1}{N}(\alpha(1-\alpha)^2 + 0{,}05(1-\alpha)). \tag{4.24}$$

Selbst in den Zuständen $\alpha = 0$ und $\alpha = 1$ kommt es nun nicht mehr zum Stillstand, sondern es bleibt eine Minderheit mit der Gegenmeinung erhalten (siehe Abb. 4.8). Jetzt ist unser Spaziergang zum Thema „Schwarmverhalten erkennen" beendet. Wir haben alle notwendigen Bestandteile für selbstorganisiertes Schwarmverhalten gefunden. Ein System, das mit Gl. 4.24 beschrieben werden kann, darf also als ein System mit Schwarmverhalten gelten.

4.4.2 Schwarmverhalten erzeugen

Schwarmverhalten wird im Ingenieurwesen auf verschiedene Weisen erzeugt. Man kann zwei Hauptstrategien unterscheiden (Brambilla et al. 2013): automatische Entwurfsstrategien (etwa aus dem Bereich der künstlichen Intelligenz) oder verhaltensbasierte Entwurfsstrategien (z. B. verhaltensbasierte Robotik, engl. behavior-based robotics). Der automatische Ansatz zielt darauf ab, die erforderlichen mikroskopischen Verhalten durch maschinelles Lernen oder Optimierungsverfahren zu generieren. Der verhaltensbasierte Ansatz entspricht dem manuellen (nicht-automatischen) Vorgehen. Der Entwurf der mikroskopischen Verhalten wird also von einem Menschen durchgeführt, der ggf. durch (mathematische) Modelle, Simulationen oder andere computergestützte Verfahren geleitet wird. Wir unterscheiden zudem, ob es sich um den Entwurf von Softwareagenten oder um körperliche Agenten (engl. embodied agents, also Roboter) handelt.

Der klassische Artikel von Reynolds (1987) wird z. B. zu den verhaltensbasierten Entwurfsstrategien gezählt. Schließlich hatte Reynolds die drei Regeln selbst entwickelt und, soweit wir das wissen, ohne Modelle oder andere unterstützende Methoden neben seiner Simulation gearbeitet. Während es oft verlockend ist, vor allem in der Simulation sich einem Versuch-und-Irrtum-Verfahren hinzugeben, sollte besser ein geordneter Vorgang gewählt werden. Dazu haben wir zu Beginn dieses Kapitels entsprechende Modelle vorgestellt, die helfen können, in der Entwurfsphase die zu erwartenden Schwarmverhalten vorherzusagen.

Die automatischen Entwurfsstrategien können wir wiederum genauer in einzelne Gruppen aufschlüsseln: Reinforcement Learning (deutsch: Verstärkendes Lernen), Evolutionäre Robotik und deterministische Verfahren in der Form von Compilern. Diese werden nachfolgend kurz vorgestellt.

Reinforcement Learning

Das Reinforcement Learning befasst sich ursprünglich nur mit einzelnen Agenten oder Robotern (siehe ◘ Abb. 4.9). Die Idee ist dabei, dass der Agent mittels Versuch und Irrtum seine Handlungsmöglichkeiten erforscht und dabei Feedback (Belohnungen oder Strafen) erhält (Russell und Norvig 1995). Auch wenn diese Beschreibung dazu verleitet, sich den Vorgang ähnlich dem menschlichen Lernen, etwa bei Kindern, vorzustellen, so wäre das doch irreführend. Die Vorgehensweise ist eher mathematisch motiviert. Nehmen wir uns als Beispiel das Q-Learning als Vertreter des Reinforcement Learning (Russell und Norvig 1995; Sutton und Barto 1998). Die maßgebliche Annahme ist, dass sich der Agent jederzeit in einem definierten Zustand s befindet. Bei einem Staubsaugroboter könnte ein Zustand sein: „befinde mich an einer Wand und der Boden ist dreckig". Zusätzlich verfügt der Roboter in jedem Zustand über eine Menge an Aktionen, aus denen er eine passende Aktion a auswählen muss. Bei einem Staubsaugroboter könnten solche Aktionen sein: „fahre geradeaus", „stoppe und drehe 30 Grad nach rechts" etc. Zusätzlich nehmen wir an, dass der Roboter Feedback (ggf. von außen) erhält, ob die letzte Aktion gut war oder auch nur, ob der aktuelle Zustand gut ist (z. B. Zustand „Raum sauber" wird belohnt). Das Ziel des Lernvorgangs ist, zu jedem möglichen Zustand-Aktions-Paar einen Wert $Q(s, a)$ (der Q-Wert oder Qualitätswert) zu ermitteln, der beschreibt, wie gut diese Kombination ist. Hierbei ergeben sich mehrere Probleme. Es gibt den exploitation-exploration tradeoff (deutsch: Abwägung zwischen Ausnutzung und Erforschung). Ein Agent muss eine gute Balance finden, wie oft er neue Paare (s, a) testet (Erforschung, engl. exploration) oder bereits bekannte gute Kombinationen nutzt (Verwertung/Ausnutzung, engl. exploitation). Die Erforschung birgt die Chance, noch bessere Kombinationen, also bessere Aktionen zu finden. Die Verwertung erlaubt es, bereits Gelerntes zu nutzen und das Risiko einer unbekannten Aktion, die sich als schlecht herausstellen könnte, zu vermeiden. Eine andere Herausforderung ist es festzulegen, wie schwer neu Gelerntes zu gewichten ist. Falls sich z. B. die Belohnungen oder die Umwelt über die Zeit verändern, dann muss altes Wissen auch veralten dürfen. Die Lernrate, d. h. wie schnell der Agent sich an neue Gegebenheiten anpasst, muss also auf die Eigenschaften seiner Umwelt abgestimmt sein. Mit Reinforcement Learning wurden jüngst große Erfolge erzielt, z. B. durch AlphaZero (Silver et al. 2017).

4

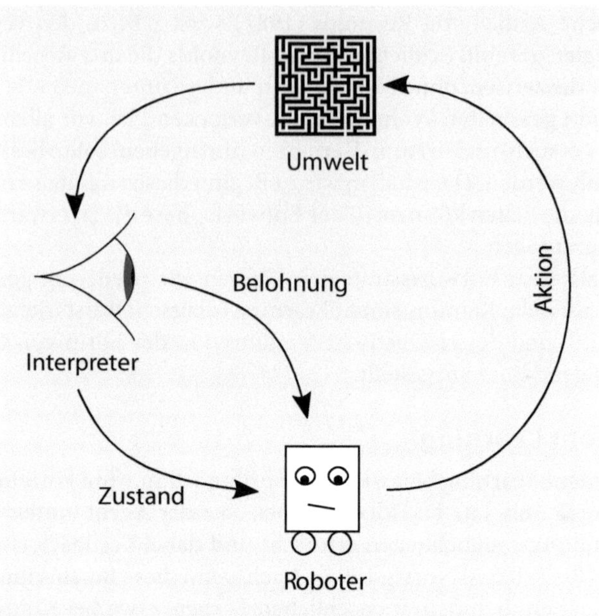

Abb. 4.9 Schematische Darstellung des Reinforcement Learning

Unsere bisherige Diskussion bezog sich ausschließlich auf Reinforcement Learning eines einzelnen Agenten. Wir benötigen für Schwarmverhalten aber eine Vielzahl an Agenten, die unter Umständen alle gleichzeitig ein Verhalten einüben und erlernen müssen. Das Multi-Agenten-Lernen (Ferber 1999; Panait und Luke 2005; Kalyanakrishnan und Stone 2007) ist aber nochmals schwieriger, da es extrem viele Kombinationsmöglichkeiten der Agenten-Aktionen geben kann (kombinatorische Explosion). Wenn von vier Agenten jeder Agent drei mögliche Aktionen hat, dann gibt es theoretisch bereits $81 = 3 \times 3 \times 3 \times 3 = 3^4$ Kombinationsmöglichkeiten. Wir müssten also 81 Q-Werte ermitteln. Im Einzel-Agent-Szenario wären es dagegen nur drei. Entsprechend hat die Forschung ergeben, dass es verhältnismäßig schwierig ist, mittels Reinforcement Learning Schwarmverhalten zu erzeugen. Insbesondere schwerere Schwarmaufgaben, die ein längeres Lernen und eine komplexere Repräsentation der verschiedenen Zustände benötigen, sind kaum zu realisieren. Die Skalierbarkeit des Reinforcement Learning mit steigender Schwarmgröße und mit steigender Aufgabenkomplexität ist also nach aktuellem Stand der Forschung nicht gegeben.

Evolutionäre Robotik

Die Evolutionäre Robotik bedient sich der Methoden der Evolutionären Algorithmen. Dies sind Optimierungsalgorithmen, die sehr grob der biologischen Evolution nachempfunden sind und meist auf nachweislich schwierige Probleme angewandt werden. Die Ursprünge dieser Techniken gehen auf Holland (1975) mit seinen genetischen Algorithmen sowie Rechenberg (1973) mit seiner Evolutionsstrategie zurück. Die Idee ist,

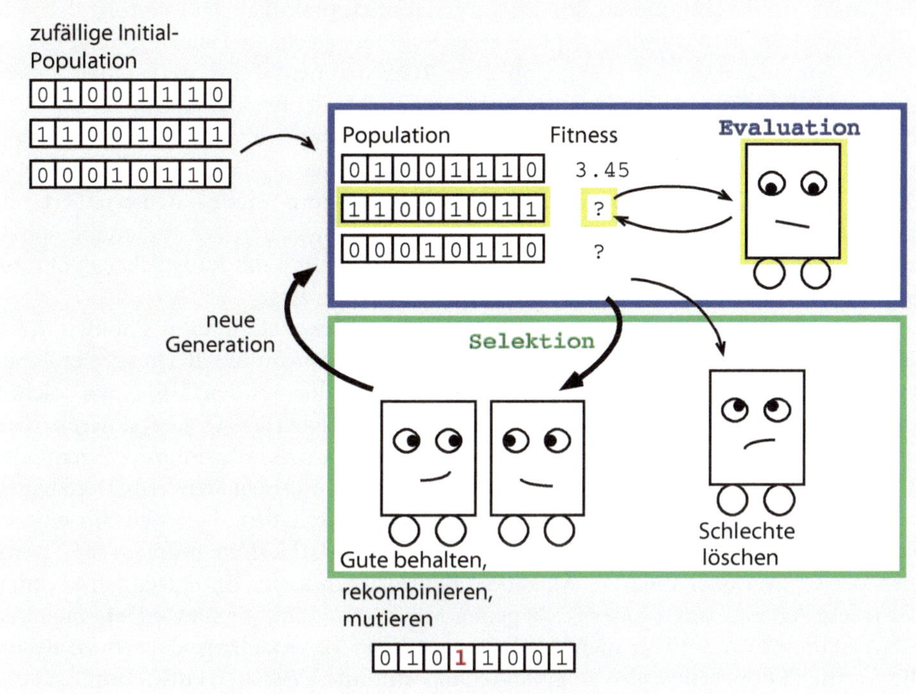

Abb. 4.10 Schematische Darstellung der Evolutionären Robotik

stets eine Menge (Population) an Lösungskandidaten vorzuhalten, die man dann evaluiert und selektiert (siehe Abb. 4.10). Die guten Lösungskandidaten behält man und die schlechten löscht man. Dann wendet man Mutations- und Rekombinationsoperatoren an, um an den Lösungskandidaten kleine Veränderungen vorzunehmen. Diese Veränderungen haben oft eine Verschlechterung zur Folge, können aber auch neutral sein. Man hofft natürlich auf Verbesserungen. Diese kann man durch die nächste Evaluation finden und dann per Selektion behalten und verstärken. So entstehen viele Generationen von Populationen aus Lösungskandidaten. Statt typischer Probleme, wie die Erstellung effizienter Maschinenbelegungspläne oder die Verteilung von Flugzeugbesatzungen auf Linienflüge, kann man mit den Evolutionären Algorithmen auch die Erzeugung eines passenden Steueralgorithmus für einen Roboter als Optimierungsproblem formulieren. Das entspricht dann dem Ansatz der Evolutionären Robotik (Bongard 2013; Nolfi und Floreano 2000; Harvey et al. 2005; Nelson et al. 2009). Oft wird hierbei der Algorithmus als Künstliches Neuronales Netz repräsentiert. Künstliche Neuronale Netze sind wiederum grob durch Gehirne inspiriert, sind jedoch letztlich nur eine geschickte, abstrakte Darstellung einfacher Informationsverarbeitungseinheiten. Dies entspricht in der Summe einem Netzwerk von Knoten und Kanten, das die Sensordaten des Roboters als Eingabe erhält, diese dann geschickt verarbeitet und Befehle an die Aktoren des Roboters (Motoren) ausgibt. Der Evolutionäre Algorithmus bearbeitet dabei meist die Gewichte der Kanten, also grob gesagt, wie stark welche Eingabe gewichtet wird.

Der Ansatz der Evolutionären Robotik ist erstaunlich praktikabel und erfolgreich, wie z. B. Cully et al. (2014) für die Adaption eines Roboters an eigene Defekte gezeigt haben.

Wie wir in der obigen Diskussion über Reinforcement Learning gesehen haben, muss der Erfolg für das Einzelroboter-Szenario nicht bedeuten, dass dieser Ansatz auch in Schwarmszenarien effizient ist. Die Evolutionäre Schwarmrobotik hat aber bereits gute Ergebnisse erzielt (Trianni 2008; König et al. 2009; Duarte et al. 2016). So haben z. B. Gomes et al. (2015) recht komplexe Schwarmverhalten zum Schafe hüten evolviert, was eine autonome Aufgabenverteilung und Kooperation zwischen den Agenten beinhaltet. Ähnlich haben Ferrante et al. (2015) Schwarmverhalten mit künstlicher Evolution generiert, die selbstorganisierte Aufgabenspezialisierung zeigen.

Bei der Evolutionären Schwarmrobotik kommt zu der evolutionären Population der Lösungskandidaten die Population des eigentlichen Schwarms hinzu. Diese zwei Populationskonzepte sollten wir gedanklich strikt voneinander trennen. Um einen solchen Lösungskandidaten, meist ein künstliches Neuronales Netz (KNN), zu evaluieren, wird eine Simulation des Schwarms gestartet. Im Standardansatz bekommt jeder Agent oder Roboter eine Instanz des KNN, d. h. wir haben einen homogenen Schwarm. Denkbar ist aber auch, dass wir zwei oder mehrere Subpopulationen haben, die jeweils ihr eigenes KNN evolvieren. Dies wäre ein heterogener Schwarm und könnte hilfreich sein, wenn man per se zwei oder mehrere Aufgaben identifizieren kann. Im Extremfall könnten wir jedem Agenten ein eigenes KNN geben, wir hätten dann maximale Heterogenität. Meist ist dieser Ansatz aber nicht erfolgversprechend, da es zu lange dauern würde, bis die Agenten kooperative, also aufeinander abgestimmte Verhalten entwickeln.

4.4.3 Perspektiven zur Erzeugung von Schwarmverhalten

Die modernen Methoden des maschinellen Lernens sind aktuell noch nicht mit besonderem Erfolg auf die Schwarmrobotik angewendet worden. Insbesondere Reinforcement Learning und ausgeklügelte Verfahren wie AlphaZero (Silver et al. 2017) haben noch unausgeschöpftes Potenzial. Die Evolutionäre Schwarmrobotik hat da bereits mehr Erfolge vorzuweisen. Jedoch ist mit dieser Methode in den letzten Jahren kein besonderer Fortschritt darin erzielt worden, die Komplexität der Schwarmaufgaben deutlich zu erhöhen. Wird die Komplexität der verlangten Aufgabe zu hoch, entstehen keine passenden Verhalten mehr. Das ist weniger als Mangel dieser Methoden anzusehen, sondern eher ein Indikator dafür, wie schwierig es ist, Schwarmverhalten zu erzeugen.

Es gibt momentan nicht viele Alternativen. Zwei erwähnenswerte Ansätze sind Turing Learning (Li et al. 2016; Groß et al. 2017) und Minimal Surprise (Hamann 2014). In beiden Fällen gibt es eine Art Beobachter, der den Schwarm betrachtet und erlernen muss, dessen Schwarmverhalten zu verstehen und vorherzusagen. Gleichzeitig gibt es eine Aktionsauswahlkomponente, die sich wiederum an den besser werdenden Beobachter anpassen muss. So kann ein Wettkampf zwischen den beiden Komponenten entstehen, in diesem Zusammenhang auch oft Koevolution genannt, der im besten Fall zu steigender Komplexität und Leistung führt. Die Forschung der nächsten Jahre wird zeigen, wie wir effizient komplexe Schwarmverhalten erzeugen können.

4.5 Weiterlesen

Zu den Ratengleichungen und ihrer Anwendung auf die Schwarmrobotik sind Lerman et al. (2005) und Martinoli et al. (2004) zu empfehlen sowie die Dissertation von Martinoli (1999). Für die angesprochenen räumlichen Modelle mit Anwendung auf die Schwarmrobotik sind Prorok et al. (2011) und Hamann (2010) empfehlenswert. Etwas allgemeiner zur Selbstorganisation und der Fokker-Planck-Gleichung kann man bei Haken (1977) nachlesen. Im Buch von Schweitzer (2003) wird der auf Langevin-Gleichungen basierende mikroskopische Ansatz im Detail vorgestellt. Milutinovic und Lima (2007) stellen einen regelungstechnischen Ansatz zur Kontrolle einer ganzen Roboterpopulation vor.

Aufgaben

■ Aufgabe 4.1 – Heuschreckenszenario

Wir implementieren eine Simulation und ein Modell des Heuschreckenszenarios aus ► Abschn. 1.2.4. Die Heuschrecken leben auf einem Ring mit Umfang $C = 1$ (Positionen $x_0 = 0$ and $x_1 = 1$ sind identisch). Die Heuschrecken bewegen sich mit einer Geschwindigkeit von 0,001 (ohne Einheiten) entweder nach links ($v = -0{,}001$) oder nach rechts ($v = +0{,}001$). Sie haben einen Wahrnehmungsradius von $r = 0{,}045$. Eine Heuschrecke wechselt ihre Richtung in folgenden Situationen:

1. Die Mehrheit der Heuschrecken innerhalb des Wahrnehmungsradius gehen in die umgekehrte Richtung.
2. Eine Heuschrecke wechselt ihre Richtung spontan mit der Wahrscheinlichkeit $P = 0{,}015$ pro Zeitschritt.

Zu Beginn sind die Heuschrecken zufällig gleichverteilt und bewegen sich entweder nach links oder rechts mit gleicher Wahrscheinlichkeit. Wir simulieren einen Schwarm der Größe $N = 20$ im kontinuierlichen Raum für 500 Zeitschritte.

a) Implementiere und teste die Simulation. Plotte die Anzahl der Linksgeher über die Zeit für einen einzelnen Simulationslauf.
b) Als Modellierungsansatz nehmen wir uns die Anzahl der Linksgeher L vor. Wir abstrahieren also vom eigentlichen System, indem wir über eine Vielzahl an möglichen Konfigurationen einen Durchschnitt bilden und alle diese Konfigurationen in einer Klasse mit gleichen Linksgeherzahlen zusammenfassen. Erstelle ein Histogramm für beobachtete Transitionen $L_t \to L_{t+1}$ (Veränderung der Anzahl an Linksgehern innerhalb eines Zeitschritts) mit der Simulation durch 1.000 unabhängige Simulationsläufe über jeweils 500 Zeitschritte. Verwende z. B. einen zweidimensionalen Array $A[\cdot][\cdot]$ aus Ganzzahlen. Ein Eintrag $A[L_t][L_{t+1}]$ wird um eins erhöht, wenn die Transition $L_t \to L_{t+1}$ beobachtet wird. Plotte das Histogramm.
c) Zähle zusätzlich, wie oft jeder Modellzustand L auftritt und nutze diesen Wert $M[L]$, um die Einträge im Histogramm zu normalisieren: $A[i][j]/M[i]$. So erhalten wir eine Schätzung für die Übergangswahrscheinlichkeiten des Systems. Nutze nun diese

geschätzten Übergangswahrscheinlichkeiten $P_{i,j} = A[i][j]/M[i]$ statt der Simulation, um einen beispielhaften Verlauf von L_t über die Zeit t zu generieren. Plotte solch eine Trajektorie von L. Vergleiche diesen Plot mit dem aus Aufgabe **a.**

■ Aufgabe 4.2 – Ratengleichungen

Wir nutzen das Ratengleichungsmodell für die Zustände *Suche* und *Hindernisvermeidung* aus ▶ Abschn. 4.2. Hier nochmals die Gleichungen dazu:

$$\frac{dn_s(t)}{dt} = -\alpha_r n_s(t)(n_s(t)+1) + \alpha_r n_s(t-\tau_a)(n_s(t-\tau_a)+1))$$
$$\frac{dm(t)}{dt} = -\alpha_p n_s(t)m(t)$$

a) Benutze ein Softwaretool Deiner Wahl, um den zeitlichen Verlauf dieses Systems aus gewöhnlichen Differentialgleichungen zu berechnen (eine einfache Vorwärtsintegration in der Zeit kann auch schnell selbst implementiert werden). Beachte, dass wir retardierte Differentialgleichungen haben. Wie sollten wir also die Verzögerungen $t - \tau_a$ früh in der Simulation ($t < \tau_a$) behandeln? Benutze folgende Paramter: $\alpha_r = 0{,}6$; $\alpha_p = 0{,}2$; $\tau_a = 2$; $n_s(0) = 1$; $m(0) = 1$. Berechne die Werte für n_s und m für $t \in (0; 50]$ und plotte sie. Interpretiere die Ergebnisse.

b) Jetzt möchten wir das Modell erweitern. Zusätzlich zu den Zuständen *Suche* und *Hindernisvermeidung* führen wir einen dritten Zustand ein: *Homing* (n_h). Roboter, die einen Puck gefunden haben, führen eine Transition in den Zustand *Homing* durch, in dem sie dann für eine Zeit $\tau_h = 15$ verweilen. Wir nehmen hier an, dass aus nicht benannten Gründen Roboter im Zustand *Homing* nicht miteinander oder mit Robotern in anderen Zuständen interagieren (Annahme also: keine Hindernisvermeidung notwendig für Roboter im Zustand *Homing*). Nach einer Zeit τ_h erreicht ein *Homing*-Roboter die Basisstation und führt eine Transition zurück in den Zustand *Suche* durch. Führe eine zusätzliche Gleichung für n_h ein und verändere die Gleichung für n_s entsprechend. Berechne die Werte n_h, n_s und m für $t \in (0; 160]$ und plotte das Ergebnis. Setze in einer weiteren Berechnung den Wert für die Pucks zur Zeit $t = 80$ auf $m(80) = 0{,}5$ und plotte das Ergebnis. Interpretiere die Ergebnisse.

Kollektives Entscheiden

H. Hamann, *Schwarmintelligenz*,
https://doi.org/10.1007/978-3-662-58961-8_5

Entscheiden zu handeln, ob allein oder in der Gruppe, ist elementar für Einzeltiere und Schwärme. Nach einer kurzen Einführung in die Grundlagen des Entscheidens, gehen wir eine Vielzahl an Modellen durch. Die Modelle kommen dabei ursprünglich aus ganz verschiedenen Bereichen, etwa der Physik oder der Meinungsdynamik. Abschließend betrachten wir mehrere Implementierungen des kollektiven Entscheidens auf Schwarmrobotern.

Natürliche Schwärme müssen auf makroskopischer Ebene autonome Entscheidungen treffen können. Ebenso ist es ein wichtiges Ziel in der Schwarmrobotik, ein autonomes System zu entwickeln. Mit Autonomie ist hier die Fähigkeit gemeint, unabhängige Entscheidungen ohne Einfluss von außen zu treffen und somit das Vorhandensein der Möglichkeit sich intelligent verhalten zu können. Das Individuum, egal ob Einzeltier oder Roboter, ist bereits autonom (also Agent), jedoch soll auch der Schwarm als ganzes unabhängig entscheiden können. Daher ist kollektives Entscheiden essenziell und vermutlich sogar die wichtigste Fähigkeit des Schwarms.

Wir kennen alle die Schwierigkeiten, sich entscheiden zu müssen. Selbst wenn man lediglich alleine etwas entscheiden muss, z. B. einen wichtigen Karriereschritt, kann das herausfordernd sein. Entscheidungen in einer Gruppe zu treffen ist naturgemäß noch schwieriger, z. B. Fragen, die sich in unserer Freizeit stellen: Gehen wir an den Strand oder in die Stadt? Wenn Millionen von Menschen etwas entscheiden müssen, hat der Prozess der Entscheidungsfindung zwar eine andere Gestalt, aber auch das kann sehr herausfordernd sein, wie wir das z. B. nur zu gut von unseren demokratischen Wahlen kennen. Das Entscheiden ist für einen Schwarm auf eine bestimmte Weise einfacher und in anderen Dingen schwieriger. Einerseits hat ein Schwarm ein klar definiertes gemeinsames Ziel. Für den natürlichen Schwarm geht es, evolutionsbiologisch argumentiert, um das gemeinsame Überleben. Für den Roboterschwarm hat jedoch ein Designer ein gemeinsames Ziel vorgesehen. Beides ist sicherlich ein großer Vorteil gegenüber unserer Gesellschaft, in der wir zu diversen Meinungen und zur Vielfalt ermutigen; aber beim gemeinsamen Entscheiden entstehen dadurch Herausforderungen. Ein Vorteil der menschlichen Gesellschaft ist, dass wir globale Informationskanäle besitzen. Zwar sind nicht für jeden alle Informationen verfügbar, da wir keine völlige Transparenz haben (und auch nicht möchten); jedoch werden einige Informationen global geteilt. Im Schwarm gibt es diese globalen Kanäle nicht. Stattdessen können die Mitglieder des Schwarms nur lokal mit ihren Nachbarn kommunizieren. Diese Beschränkung bedingt mehrere Probleme. Zuerst müssen überhaupt alle mitbekommen, dass aktuell eine kollektive Entscheidungsfindung abläuft. Der Schwarm könnte in mehrere Untergruppen zerfallen, die unterschiedliche Informationsstände haben und daher verschiedene Optionen für die beste halten könnten. Der Schwarm könnte in einen Deadlock verfallen, eventuell sogar, ohne es zu bemerken (siehe ◘ Abb. 5.1). Schließlich könnte es auch geschehen, dass nicht jeder im Schwarm mitbekommt, dass die Entscheidung bereits getroffen wurde. Entsprechend müssen Vorkehrungen getroffen werden, damit trotz der Beschränkung auf lokale Information, der Entscheidungsprozess geordnet ablaufen kann.

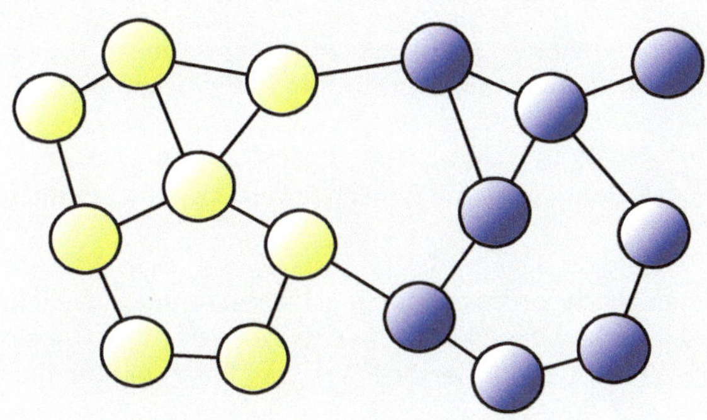

Abb. 5.1 Eine Deadlock-Situation in einem kollektiven Entscheidungsprozess eines Schwarms. Jeder Agent hat den lokal korrekten Zustand gemäß der Mehrheitsregel, aber der resultierende globale Zustand ist ein unentschiedener 50/50-Zustand

Im Folgenden schauen wir uns zuerst an, wie das Entscheiden generell funktioniert und wie man in Gruppen entscheiden kann. Dann versuchen wir, kollektive Bewegung als ein Beispiel für kollektives Entscheiden zu verstehen und schauen uns eine Vielzahl an Modellen für das kollektive Entscheiden an. Während wir im Falle von natürlichen Systemen diese lediglich verstehen wollen, müssen wir bei künstlichen Schwarmsystemen selbst die Funktionalität bestimmen. Hierbei können wir uns natürlich durch die Biologie inspirieren lassen, es kommen aber auch viele andere relevante und spannende Wissenschaftsgebiete in Frage, z. B. die Physik und die Soziologie. Normalerweise bauen wir explizit Zufälligkeit in z. B. unsere Roboterschwärme ein, um ein Mindestmaß an Exploration zu erhalten. Daher sind Schwarmsysteme inhärent stochastisch. So können wir Modelle aus der statistischen Physik benutzen, um kollektives Entscheiden besser zu verstehen. Modelle aus der Materialwissenschaft und Modelle, die den Prozess der Standardisierung beschreiben, können wir ebenfalls nutzen. Es wäre zu schön, wenn wir einfach nur eines dieser Modelle auswählen müssten, um es dann generisch auf all unsere Entscheidungsszenarien anzuwenden. Doch so einfach geht es leider nicht, da die Modellierung von Schwärmen noch einige Herausforderungen für uns bereitgestellt. Wir möchten also bewusst unseren Horizont erweitern und ein breites Wissen anhäufen, um generelle Modellierungstechniken zu erlernen. Das Untersuchen, Modellieren und Analysieren von kollektiven Entscheidungen ist noch ein junges Feld und momentan zahlt es sich noch aus, neue Modelle zu erlernen und zu testen.

5.1 Entscheiden

Jedes Lebewesen und jeder Roboter muss in bestimmten Momenten Entscheidungen treffen. Entscheiden ist der kognitive Prozess, eine mögliche Aktion zu selektieren. Die Entscheidung ist optimal, wenn keine Alternative zu einem besseren Ergebnis führen würde.

Entscheidungen können **unter Gewissheit** getroffen werden, d. h. alle Umstände, die die Entscheidungsfindung beeinflussen könnten, sind bekannt.

Jedoch ist die Umwelt der Schwärme typischerweise nicht so einfach aufgebaut.

Stattdessen gehen wir davon aus, dass der Schwarm **unter Ungewissheit entscheiden** muss, was uns dann zur wahren Kunst des Entscheidens führt. Ungewissheit heißt hier, dass der aktuelle Zustand und/oder die Folgen der Entscheidung nicht vollständig bekannt sind.

Um trotzdem noch intelligente Entscheidungen treffen zu können, müssen zumindest gewisse Präferenzen zwischen möglichen Folgen bekannt sein, die der Agent befolgen soll. Zu jedem möglichen Ergebnis ist ein Nutzen bekannt. Das ist ein Maß der Qualität des Ergebnisses. Eine rationale Entscheidung ist optimal in Bezug auf bestimmte Bedingungen, wie z. B. Ungewissheit. Ein Agent agiert rational genau dann, wenn er den erwarteten Nutzen über alle Optionen maximiert (gemeint ist der Erwartungswert im Sinne der Statistik). Dies nennt man das Prinzip des maximalen Erwartungsnutzens.

Eine herkömmliche Methode, um Entscheidungen zu strukturieren und zu repräsentieren, sind Entscheidungsbäume. Ein Beispiel ist in ◘ Abb. 5.2 zu sehen. Den Entscheidungsbaum im Folgenden als mentales Bild vor Augen zu haben, kann sicherlich helfen.

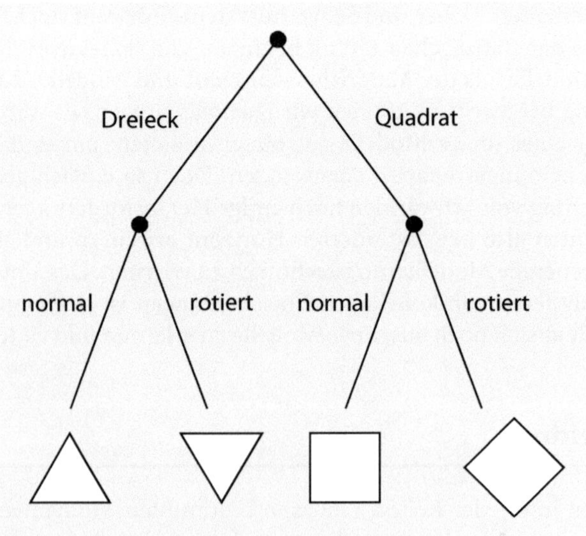

◘ **Abb. 5.2** Beispiel eines Entscheidungsbaumes

Wir formulieren ein allgemeines Modell für Entscheidungsverfahren. Ein Agent hat m mögliche Aktionen $A_1, \ldots, A_m$ zur Auswahl und es gibt n mögliche initiale Zustände $s_1, \ldots, s_n$. Wir nehmen an, dass der Agent den Nutzen $N_{ij} \in \mathbb{R}$ für jede Aktion A_i und jeden Zustand s_j kennt. Alle Werte für den jeweiligen Nutzen für eine Aktion und einen Zustand lassen sich als Nutzenmatrix $N = (N_{ij})_{1 \leq i \leq m, 1 \leq j \leq n}$ schreiben. Wie bereits erwähnt, ist das Entscheiden unter Gewissheit einfach. So können wir direkt eine Strategie unter Gewissheit über den aktuellen Zustand, d. h. j ist gegeben, angeben: Man wähle eine Aktion $A_{\hat{i}}$ mit $\hat{i} \in \{1, \ldots, m\}$, so dass $N_{\hat{i}j} = \max_i N_{ij}$. Jedoch nehmen wir Ungewissheit an, d. h. der Agent weiß nicht genau, in welchem Zustand er und seine Umwelt sich momentan befinden. Der Agent weiß aber gegebenenfalls, mit welcher Wahrscheinlichkeit er sich in einem bestimmten Zustand befindet. Wir definieren der Spieletheorie folgend drei Strategien, um unter Ungewissheit entscheiden zu können.

Die vorsichtige Strategie ist die Max-Min-Strategie. Der Agent wählt $\hat{i} \in \{1, \ldots, m\}$, sodass $N_{\hat{i}j} = \max_i \min_j N_{ij}$. Der minimal mögliche Nutzen, d. h. der angenommene schlechteste mögliche Zustand j, wird so maximiert über alle möglichen Aktionen i.

Die hochriskante Strategie ist die Max-Max-Strategie. Der Agent wählt $\hat{i} \in \{1, \ldots, m\}$, sodass $N_{\hat{i}j} = \max_i \max_j N_{ij}$. Der maximal mögliche Nutzen, d. h. der angenommene beste Zustand j, wird so maximiert über alle möglichen Aktionen i.

Die alternative vorsichtige Strategie ist die Min-Max-Strategie. Der Agent wählt $\hat{i} \in \{1, \ldots, m\}$, sodass $R_{\hat{i}j_i} = \min_i \max_j R_{ij}$ mit $N_j = \max_i N_{ij}$ (maximaler Nutzen in Zustand j) und Risikomatrix $R_{ij} = N_j - N_{ij}$ (Risiko der Aktion i in Zustand j). Das maximal mögliche Risiko, d. h. der angenommene riskanteste Zustand j, wird so minimiert über alle mögliche Aktionen i.

5.2 Entscheiden in der Gruppe

Wir haben gelernt, dass es bereits eine schwierige Aufgabe ist, unter Unsicherheit zu entscheiden. Schwärme müssen jedoch zusätzlich noch kooperieren und kollektiv Entscheidungen treffen. Man spricht von Entscheiden in der Gruppe (gemeinsames Entscheiden), wenn eine Gruppe von Individuen gemeinsam aus mehreren Alternativen auswählen muss. Im Gegensatz zum Entscheiden eines einzelnen Agenten, ist das Entscheiden in der Gruppe schwieriger und enthält zusätzliche Phänomene wie soziale Beeinflussung und z. B. Gruppenpolarisierung.

Beim Entscheiden im Konsens ist die Idee, Entscheidungen ohne Gewinner und Verlierer zu treffen. Die Mehrheit unterstützt also eine Entscheidung, während die Minderheit mit der Entscheidung ebenfalls zumindest einverstanden ist. Das kann man umsetzen, indem man der Minderheit ein Vetorecht gegen jede Entscheidung einräumt. Offensichtlich macht das das Entscheiden kompliziert, wie jeder nur zu gut weiß, der je versucht hat, einen Konsens in einer Gruppe mit diversen Meinungen zu erzielen.

Üblicher sind natürlich Methoden der Mehrheitswahl. Eine Methode mit recht hohen Anforderungen ist das Entscheiden mit qualifizierter Mehrheit, d. h. es wird immer eine Mehrheit (Quorum von 50 %) für eine Entscheidung eingefordert, selbst wenn es mehr als zwei Optionen gibt. Entscheiden mit relativer Mehrheit erlaubt Mehrheiten von weniger als 50 %, d. h. die Option mit den meisten Stimmen gewinnt.

Beim Entscheiden in der Gruppe gibt es einige Herausforderungen. Ein Beispiel ist das „Groupthink“ nach Janis (1972). Groupthink ist ein psychologisches Phänomen in einer Gruppe von Menschen, die offenbar Konflikte vermeiden wollen und so eine gemeinsame Konsensentscheidung treffen, ohne die Alternativen kritisch zu prüfen. Auf diese Weise treffen dann mehrere Menschen gemeinsam suboptimale Entscheidungen.

Der Unterschied zwischen dem individuellen Entscheiden und der Gruppenentscheidung ist, dass nicht nur ein Agent entscheidet, sondern eine Menge von individuellen Entscheidungen existiert. Wie man diese individuellen Entscheidungen (Mikro-Ebene) in eine Gruppenentscheidung (Makro-Ebene) überführt, ist eine generelle Problematik.

5.2.1 Gruppenentscheidungen formalisieren

Gruppenentscheidungen kann man auf folgende Weise formalisieren. Jeder Wähler i wird durch eine eigene Relation R_i repräsentiert. Wir definieren $N(x, y)$ als Anzahl der Wähler, die in ihrer Relation xRy haben. Wir definieren die Mehrheitsrelation M als $xMy \Leftrightarrow N(x, y) \geq N(y, x)$ Somit ergibt sich die Mehrheitsrelation immer als reflexiv und konnex (auch „verbunden“ genannt, Wählerstimmen lassen sich immer zählen und vergleichen) aber nicht immer transitiv.

Mit diesem Formalismus lassen sich sogenannte Wahlparadoxien nachvollziehen. Ein Minimalbeispiel eines solchen Wahlparadoxons ist das folgende. Wir haben drei Kandidaten $X = \{a, b, c\}$, die zur Wahl stehen, und drei Wähler $I = \{1, 2, 3\}$. Jeder Wähler i definiert nun ihre oder seine Präferenzen mittels einer Relation R_i: $R_1 = \{(a, b), (b, c), (a, c), (a, a), (b, b), (c, c)\}$, $R_2 = \{(c, a), (a, b), (c, b), (a, a), (b, b), (c, c)\}$ und $R_3 = \{(b, c), (c, a), (b, a), (a, a), (b, b), (c, c)\}$. Diese Präferenzen bestimmen eine Mehrheitsrelation, die jedoch einen Zyklus hat:

$$M = \{(a, b), (b, c), (c, a), (a, a), (b, b), (c, c)\}. \tag{5.1}$$

Die Mehrheit gemäß dieser Methode soll also angeblich a gegenüber b vorziehen, b gegenüber c vorziehen und aber auch c gegenüber a vorziehen, was offensichtlich ein Widerspruch ist. Daher nennt man dies ein Wahlparadoxon.

Das wissenschaftliche Fach, das Probleme wie das obige analysiert bzw. allgemein untersucht wie man individuelle Präferenzen zusammenfasst, sodass man eine sinnvolle und gerechte Gruppenentscheidung erhält, wird Sozialwahltheorie genannt (oder auch Theorie kollektiver Entscheidungen). Die Ergebnisse dieser Forschung beinhalten das oben genannte Wahlparadoxon, aber auch das Allgemeine Unmöglichkeitstheorem nach Arrow und das Ostrogorski-Paradox. Das Allgemeine Unmöglichkeitstheorem nach Arrow besagt, dass mit mehr als zwei Kandidaten keine Rangordnungen als Wahlsystem die rangbasierten Präferenzen der Individuen in gesellschaftliche Rangordnungen übersetzen können, wenn sie gleichzeitig einer spezifischen Menge an sinnvollen (demokratischen) Kriterien genügen müssen. Das nach Moissei Ostrogorski benannte Ostrogorski-Paradox bezieht sich auf die Problematik, Präferenzen in Mengen zu kombinieren. Wenn Wähler über Listen von Standpunkten abstimmen müssen (z. B. Parteiprogramme), dann wird die Wählermeinung verzerrt.

5.2.2 Kollektive Bewegung als kollektives Entscheiden

Auch manche kollektiven Phänomene, die intrinsisch auf kontinuierlichen Eigenschaften beruhen, können auf kollektives Entscheiden reduziert werden. Der Konsens über eine gemeinsame Richtung α in einem Schwarm kann als Entscheidung aus einer unendlichen Menge an Alternativen $\alpha \in [0°, 360°)$ angesehen werden. Wir können die Bewegung des Schwarms künstlich auf eine quasi-eindimensionale Konfiguration auf einem Ring beschränken (siehe ◘ Abb. 5.3). So bleiben dem Schwarm nur zwei Optionen: Bewegung im Uhrzeigersinn oder Bewegung gegen den Uhrzeigersinn.

Als Beispiel nehmen wir das Verhalten der Wüstenheuschrecke, *Schistocerca gregaria,* die als flügellose Nymphe kollektive Bewegung zeigt. Das sind die „Marching Bands". Die kollektive Bewegung ist abhängig von der Dichte, und die Individuen scheinen ihr Verhalten als Reaktion auf ihre Nachbarn zu ändern (Buhl et al. 2006). Ein weiteres interessantes Verhalten ist, dass der Schwarm spontan die Richtung ändert. In relativ kleinen Schwärmen beobachtet man einen Wechsel der Bewegungsrichtung sogar, obwohl der Schwarm bereits mehrheitlich auf eine Richtung ausgerichtet ist.

In den Experimenten beobachtet man Gruppen von Heuschreckennymphen. Das ist die unreife Form bei manchen Wirbellosen, insbesondere bei Insekten, die eine

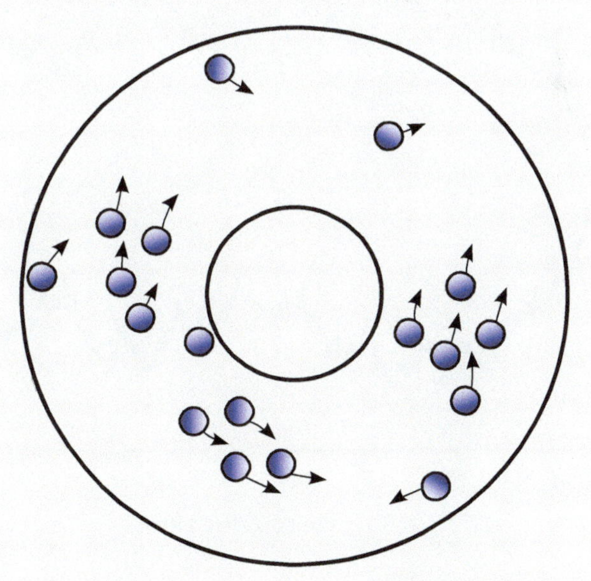

◘ **Abb. 5.3** Schematische Darstellung der Heuschrecken in einer ringförmigen Arena

graduelle Metamorphose (Hemimetabolismus) durchlaufen, bevor sie schließlich die adulte Stufe erreichen. Man beobachtet, dass die Tiere bei relativ geringen Dichten sich in hohem Maße auf eine gemeinsame Bewegungsrichtung einigen; auf dem Ring gilt das für bis zu zwei oder drei Stunden. Dann wechseln sie spontan ihre bevorzugte Richtung innerhalb einiger weniger Minuten und marschieren in die gegengesetzte Richtung, erneut für mehrere Stunden. In Versuchen mit höheren Schwarmdichten marschieren die Tiergruppen für die gesamte Dauer des achtstündigen Experiments in dieselbe Richtung.

Die Essenz dieses Verhaltens kann man erfassen, indem man lediglich die Prozentzahl der Heuschrecken ermittelt, die in einem der zwei Zustände sind (Bewegung im oder gegen den Uhrzeigersinn). Diese Schwarmanteile kann man über ein gewisses Zeitintervall messen; das Ergebnis ist in ◘ Abb. 5.4 dargestellt.

Yates et al. (2009) haben die durchschnittliche Geschwindigkeit über viele unabhängige Experimente angegeben, was eine symmetrische, bimodale Verteilung ergibt (zwei Spitzen, eine für eine positive Geschwindigkeit und eine für eine negative Geschwindigkeit). Es ist wichtig zu verstehen, dass dies nicht einer symmetrischen Verteilung von positiven und negativen Geschwindigkeiten innerhalb eines Experiments entspricht, sondern dem durchschnittlichen Verhalten über mehrere Experimente hinweg. Daher kann ein solches Diagramm nicht die gebrochene Symmetrie der Bewegungsrichtungen eines einzelnen Experiments aufzeigen, sondern es zeigt eine bimodale Verteilung.

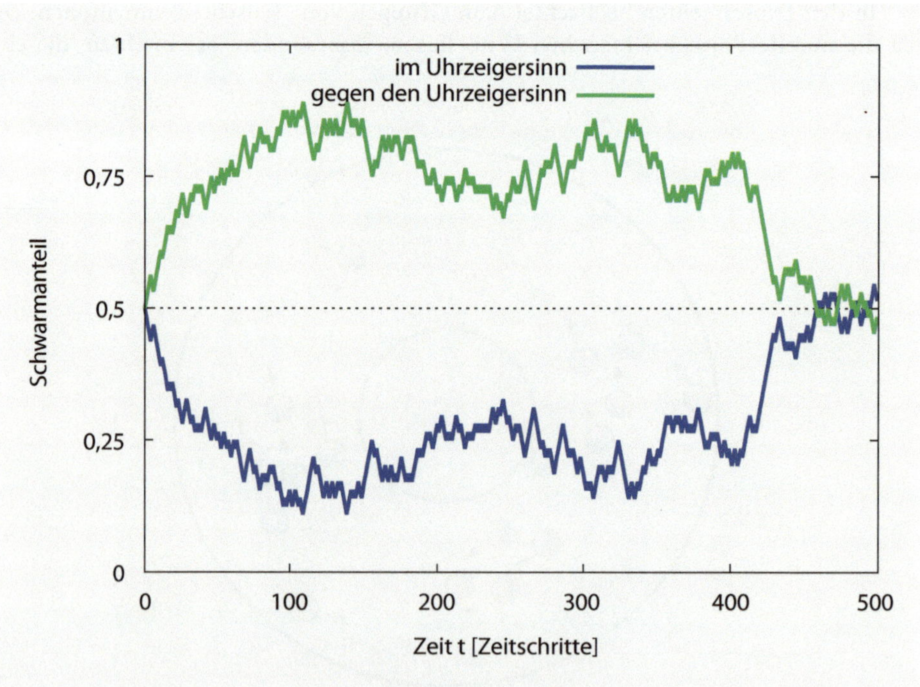

◘ **Abb. 5.4** Beispielhafter zeitlicher Verlauf der Anteile an Heuschrecken, die im Uhrzeigersinn und gegen den Uhrzeigersinn laufen (diskrete Zeitschritte im Modell)

5.3 Modelle für kollektives Entscheiden

In der Literatur gibt es noch kein generisches Modell für kollektives Entscheiden. Daher muss man je nach Anwendung das am besten passende Modell auswählen. Im Folgenden werden wir nur einige wenige Optionen kennenlernen. Wir versuchen, so weit wie möglich eine einheitliche Notation zu nutzen. Wir nehmen an, dass der Schwarm aus einer Menge von Optionen $O = \{O_1, O_2, \ldots, O_n\}$ mit $n > 1$ wählt. Ein Agent i hat zu jeder Zeit eine definierte Meinung m_i und eine Nachbarschaft $\mathcal{N}_i$. Die Menge $\mathcal{N}_i$ enthält die Indizes aller Nachbarn aber nicht den Index i des betrachteten Agenten. Ein Agent ist Teil einer Nachbarschaftsgruppe $\mathcal{G}_i$. Die Menge $\mathcal{G}_i$ enthält die Indizes aller Nachbarn, und auch den Index i des betrachteten Agenten. Im Standardfall hat der Schwarm die Aufgabe, einen Konsens zu finden, d. h. der Schwarm erreicht einhundertprozentige Übereinstimmung zu einer Option O_j.

Die Optionen O haben ggf. verschiedene Qualitäten $q(O_i)$. Nur im Spezialfall haben alle Optionen die gleiche Qualität $\forall i, j : q(O_i) = q(O_j)$, somit ergibt sich ein Symmetriebrechungsproblem. Dann haben alle Optionen die gleiche Nützlichkeit und der Schwarm muss sich nur im Konsens für eine Option entscheiden. Der Prozess einer kollektiven Entscheidung verläuft iterativ über drei Phasen: Erforschen (Exploration), Werbung und Meinungswechsel (siehe ◘ Abb. 5.5). In der Explorationsphase kann ein Agent i den Bereich erforschen, der mit seiner aktuellen Meinung m_i assoziiert ist. Ein solcher Bereich könnte ein möglicher Ort zum kollektiven Erbauen einer Struktur sein. Der Agent i kann so Informationen zur Qualität $q(m_i)$ sammeln.

In der Werbungsphase signalisiert der Agent seinen Nachbarn seine Meinung. Dies geschieht entweder durch explizite Nachrichten, z. B. per Funk oder Infrarotkommunikation, oder implizit über Hinweise (engl. cue-based), bei Tieren z. B. haptisch oder bei Robotern durch eine RGB-LED, die die Farbe mit der Meinung wechselt. Die Dauer der Werbungsphase darf je nach Qualität der Meinung variieren. Die Dauer kann z. B. direkt proportional zur Qualität sein, d. h. doppelte Dauer für doppelte Qualität. Diese Korrelation zwischen Meinungsqualität und Werbungsphasendauer kann dann eine positive Feedbackschleife auslösen. Mehr Roboter werden Meinungen mit hoher

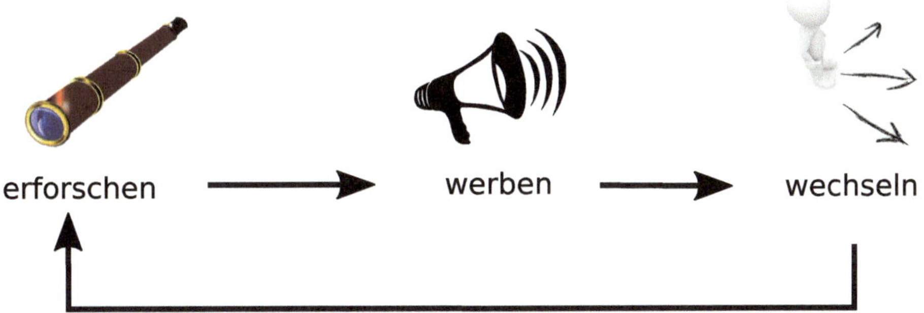

◘ **Abb. 5.5** Kollektives Entscheiden als iterativer Prozess über drei Phasen: Optionen erforschen (explorieren), Meinung bewerben und Meinung wechseln

Qualität empfangen, wechseln entsprechend zu Meinungen höherer Qualität und werben dann ihrerseits für Meinungen mit hoher Qualität.

In der Wechselphase folgt der Agent einer Entscheidungsregel, z. B. dem Wählermodell oder der Mehrheitsregel, um seine Meinung entsprechend zu wechseln. Die Agenten müssen den drei Phasen Umwelt erforschen, Meinung bewerben und Meinung wechseln nicht synchronisiert folgen. Stattdessen kann jeder Agent seiner eigenen inneren Uhr folgen, außer dass die Dauer der Werbungsphase korrekt abgebildet sein muss, falls diese von der Meinungsqualität abhängt.

Fast alle nachfolgenden Modelle sind mikroskopisch, d. h. sie definieren Verhalten für einzelne Agenten. Diese Modelle können nicht genutzt werden, um direkt Vorhersagen über zu erwartende Schwarmverhalten zu treffen. Dies kann man mittels mikroskopischer Modellen nur indirekt mit rechenaufwändigen Simulationen erreichen. Tatsächlich wird einige Forschung rund um genau diese Frage betrieben, wie man das globale Verhalten aus gegebenen lokalen Entscheidungsregeln ohne Simulation herleiten kann. Weitere Details dazu findet man z. B. in dem Artikel von Valentini (2017).

5.3.1 Urnenmodelle

Um ein besseres Verständnis für Prozesse des kollektiven Entscheidens zu erhalten, entwickeln wir Modelle. Unsere erste Maxime wird dabei die Einfachheit sein. Daher konzentrieren wir uns zuerst auf einen einfachen binären Entscheidungsprozess zwischen einer Option A und einer Option B. Wir nehmen an, dass es keinen Unterschied zwischen den beiden Option gibt, sodass A und B die gleiche Nützlichkeit haben und also per se keine Option der anderen vorzuziehen ist. Ebenso ist es für den Schwarm irrelevant, für welche Option dieser sich entscheidet, solange der Schwarm überhaupt auf eine Option konvergiert. Aufgrund unserer Einfachheitsmaxime beschränken wir uns auf ein Modell mit lediglich einer Systemvariablen $s(t)$, die ohne Beschränkung der Allgemeinheit den Schwarmanteil angibt, der momentan für Option A ist. Nehmen wir mal an, dass wir mit der 50/50-Situation $s(0) = 0{,}5$ starten. Was sollte dann als nächstes passieren? Nun, wir interessieren uns dafür, wie sich $s(t)$ über die Zeit verändert. Wir vermuten, dass die Änderung von s wiederum von s selbst abhängen wird, was wir als $\Delta s(s(t))$ schreiben. In einer Simulation eines Entscheidungsprozesses könnten wir diese Funktion Δs messen. Hier möchten wir jedoch ein besseres Verständnis für die zugrunde liegenden Prinzipien des kollektiven Entscheidens entwickeln und daher einen Prozess modellieren, der Δs definiert.

Zuerst überlegen wir uns, inwiefern der Raum (die Positionen und Abstände der Agenten) Einfluss auf den Entscheidungsprozess hat. Es erscheint wahrscheinlich, dass räumliche Eigenschaften das Systemverhalten beeinflussen. Zum Beispiel, könnte es für benachbarte Agenten wahrscheinlicher sein, die gleiche Meinung zu haben, als für zufällig ausgewählte Agenten. Jedoch haben wir uns bereits für ein Modell mit nur einer Zustandsvariable entschieden, daher müssen wir ein nicht-räumliches Modell entwickeln. Unser Modell wird daher nicht Agentenpositionen repräsentieren und somit auf der Annahme einer guten Durchmischung basieren. Man könnte nun denken, dass ein nicht-räumliches Modell in etwa genauso wenige Annahmen über den Raum macht wie ein Atheist über Gott, jedoch wird tatsächlich die Annahme gemacht, dass der Raum irrelevant ist und somit eine gute Durchmischung angenommen. Wir nehmen also explizit an, dass es keinerlei räumliche Korrelationen zwischen Agenten gibt. Dies ist eine sehr starke Annahme, die höchstwahrscheinlich für die meisten untersuchten Systeme falsch ist, aber wir bleiben bei unserer Einfachheitsmaxime und akzeptieren die eventuell entstehenden Mängel des Modells.

Ehrenfest-Urnenmodell

Wir starten mit einer verblüffenden Idee. Für ein gut durchmischtes System und unseren Ansatz von Schwarmanteilen könnten wir uns den Entscheidungsprozess doch bildhaft als Lottoziehung vorstellen. In Lottospielerkreisen werden gut durchmischte Ziehungsmaschinen sehr hoch geschätzt. Also könnten wir Agenten doch durch Kugeln in einer Urne repräsentieren. Die Aufteilung dieser Kugeln folgt dabei den Schwarmanteilen $s(t)$. Solche Urnenmodelle sind in der Statistik nichts Neues und werden bereits seit vielen Jahren für verschiedene Szenarien als Modell bemüht. Zum Beispiel sind die Pólya-Urnenmodelle (Pólya und Eggenberger 1923; Mahmoud 2008) bekannt und ebenso das Urnenmodell von Ehrenfest und Ehrenfest (1907). Letzteres ist übrigens auch als das Hund-Floh-Modell bekannt. Trotz dieses etwas aberwitzigen Namens verfolgten die Ehrenfests ein ernst zu nehmendes Vorhaben, da die beiden damit ein einfaches Modell für den zweiten Hauptsatz der Thermodynamik formulierten.

Das Ziehen von Kugeln im Ehrenfest-Modell funktioniert wie folgt. Wir nehmen eine Urne mit N Kugeln und zwei Farben: blau und gelb. Nehmen wir mal an, dass am Anfang alle Kugeln blau sind. Jetzt beginnen wir Kugeln zu ziehen. Wenn wir eine blaue Kugel ziehen, dann legen wir diese weg und ersetzen sie durch eine gelbe. Wenn wir eine gelbe Kugel ziehen, dann legen wir diese weg und ersetzen sie durch eine blaue.

Als Beispiel nehmen wir uns eine Urne mit $N = 64$ Kugeln, die zu Beginn alle blau sind, das heißt $s(0) = 1(=64/64)$. Dann führen wir einige Ziehungen durch, die den oben genannten Regeln folgen. Wenn wir dabei den Anteil blauer Kugeln in der Urne über die Runden hinweg beobachten, können wir ein Diagramm zeichnen, wie es in ◘ Abb. 5.6 gezeigt ist. Das Diagramm zeigt eine Anzahl von unabhängig durchgeführten Läufen zusammen mit einem empirisch bestimmtem Durchschnitt. Der empirische Durchschnitt zeigt recht deutlich einen exponenziellen Abstieg an. Im Folgenden schauen wir uns das etwas genauer an.

Um den Ziehungsprozess zu formalisieren, betrachten wir zuerst, wie sich die Anzahl blauer Kugeln in der Urne (relativ) in Abhängigkeit von der Anzahl blauer Kugeln zu dieser Zeit (absolut) verändert. Wir könnten dies empirisch tun oder wir können auch den erwarteten durchschnittlichen Zugewinn von blauen Kugeln errechnen. Nehmen wir an, wir hätten aktuell $B = 16$ blaue Kugeln bei einer Gesamtzahl von $N = 64$ Kugeln. Die Wahrscheinlichkeit eine blaue Kugel zu ziehen, ist dann also $P_B = 16/64 = 0{,}25$. Den Fall, eine blaue Kugel zu ziehen, gewichten wir mit -1, da wir in diesem Fall ja eine blaue Kugel verlieren würden. Die Wahrscheinlichkeit, eine gelbe Kugel zu ziehen, wäre $P_R = 48/64 = 0{,}75$, was wir dann mit +1 gewichten.

Somit ergibt sich für die erwartete durchschnittliche Veränderung ΔB blauer Kugeln pro Runde in Abhängigkeit von der aktuellen Anzahl blauer Kugeln $B = 16$: $\Delta B(B = 16) = 0{,}25(-1) + 0{,}75(+1) = 0{,}5$. Diese Berechnung können wir auf alle möglichen Systemzustände verallgemeinern. Wir erhalten

5

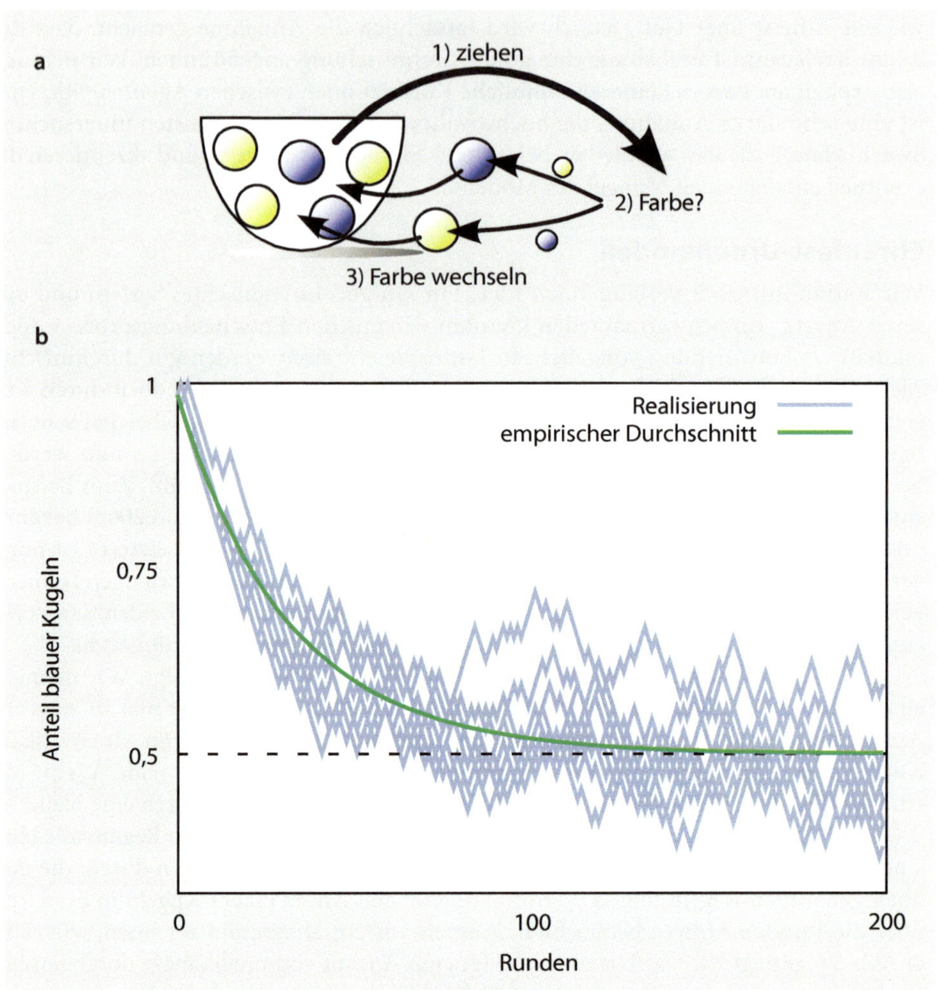

Abb. 5.6 Ehrenfest-Urnenmodell: **a** Zugregeln; **b** Anteil der blauen Kugeln über Anzahl der Runden des wiederholten Ziehens. Zu Beginn sind alle Kugeln blau

$$\Delta B(B) = -2 \cdot \frac{B}{64} + 1. \tag{5.2}$$

Die durchschnittliche Dynamik dieses Lottospiels ist dann durch $B(t+1) = B(t) + \Delta B(B(t))$ gegeben. Die Rekurrenz $B_t = B_{t-1} - 2\frac{B_{t-1}}{64} + 1$ kann mit erzeugende Funktionen gelöst werden (Graham et al. 1998). Für $B_0 = 0$ erhalten wir die erzeugende Funktion

$$G(z) = \sum_t \left(\sum_{k \leq t} \left(\frac{62}{64} \right)^k \right) z^t. \tag{5.3}$$

Der t-te Koeffizient $[z^t]$ dieser Potenzreihe ist die geschlossene Form von B_t. Wir erhalten

$$[z^t] = B_t = \sum_{k \leq t} \left(\frac{62}{64}\right)^k = \frac{1 - \left(\frac{62}{64}\right)^t}{1 - \frac{62}{64}}. \tag{5.4}$$

Für die Initialisierungen $B_0 = 0$ und $B_0 = 64$ konvergiert das System durchschnittlich recht schnell auf das Gleichgewicht $B = 32$. Die eigentliche Dynamik eines einzelnen Spiels ist natürlich stochastisch, was man zum Beispiel mit einer Rekursionsgleichung modellieren kann: $B(t+1) = B(t) + \Delta B(B(t)) + \xi(t)$ für einen Rauschterm ξ.

Wie bereits erwähnt, wurde das Ehrenfest-Urnenmodell als abstraktes Modell innerhalb der statistischen Physik entwickelt, um die Entropieproduktion von Diffusionsprozessen zu modellieren. Dazu schauen wir uns abschließend noch kurz an, wie sich im Ehrenfest-Modell die Entropie über die Runden hinweg entwickelt. Zuerst benötigen wir eine Definition der Entropie dieses Systems. Dazu gibt es verschiedene Möglichkeiten. Hier begnügen wir uns mit der Shannon-Entropie, die wir auf Basis von $s(t)$ wie folgt definieren können

$$H(t) = -s(t)\log_2(s(t)) - (1 - s(t))\log_2(1 - s(t)). \tag{5.5}$$

Indem wir $s(t) = \frac{1-\left(\frac{62}{64}\right)^t}{1-\frac{62}{64}}$ substituieren, erhalten wir eine monoton ansteigende Entropie wie in ◼ Abb. 5.7 gezeigt. Dieser monotone Anstieg der Entropie wurde von Kac (1947) bewiesen.

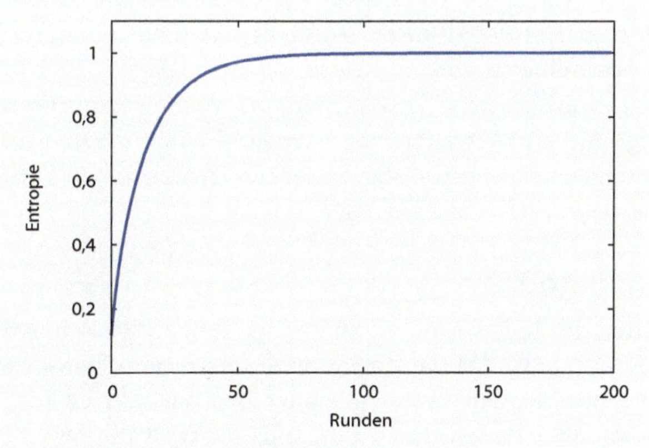

◼ **Abb. 5.7** Monotoner Anstieg der Shannon-Entropie (vertikale Achse, Gl. 5.5) über Anzahl der Runden (horizontale Achse) für das Ehrenfest-Urnenmodell

Eigen-Urnenmodell

Das Ehrenfest-Modell ist offensichtlich kein gutes Modell für kollektives Entscheiden, da es im Durchschnitt auf den unentschiedenen Zustand konvergiert. Das ist insofern schlüssig, da es ein Modell für Diffusion ist. Jedoch interessieren wir uns für selbstorganisierende Systeme. In einem solchen System sollten Fluktuationen, die vom Gleichgewicht wegführen, verstärkt werden. Somit müssten wir im wesentlichen das Ehrenfest-Modell invertieren. Tatsächlich wurde ein solches Modell bereits von Eigen und Winkler (1993) aufgestellt. Das Eigen-Modell wurde entwickelt, um den Effekt von positivem Feedback zu zeigen. Das Modell funktioniert wie folgt. Wir haben in der Urne N Kugeln mit zwei Farben: blau und gelb. Angenommen, zu Beginn hätten wir 50 % blaue und 50 % gelbe Kugeln. Im Gegensatz zum Ehrenfest-Modell arbeiten wir jetzt mit Zurücklegen. Wir ziehen eine Kugel, merken uns die Farbe und legen sie zurück in die Urne. Wenn wir eine blaue Kugel ziehen, dann ersetzen wir eine gelbe Kugel aus der Urne mit einer blauen. Wenn wir eine gelbe Kugel ziehen, dann ersetzen wir eine blaue aus der Urne mit einer gelben Kugel.

5

Die erwartete durchschnittliche Veränderung der blauen Kugeln pro Runde ist somit definiert durch

$$\Delta B(B) = \begin{cases} 2\frac{B}{64} - 1, & \text{für } B \in [1,63] \\ 0, & \text{sonst} \end{cases} . \tag{5.6}$$

Im Gegensatz zum Ehrenfest-Modell, werden Fluktuationen nun verstärkt und die Verteilung der Kugeln wird hin zu den Extremen getrieben, wie in ◘ Abb. 5.8 gezeigt. Für das Eigen-Modell gibt es zwei spezielle Konfigurationen. Für $B = 0$ und $B = 64$ können wir nur blau ($B = 0$) oder nur gelb ($B = 64$) ziehen, wobei wir gemäß den Spielregeln eine Kugel der jeweils anderen Farbe ersetzen müssten. Dies ist in diesen beiden Fällen aber nicht möglich und daher verbleiben wir für immer in den Zuständen $B = 0$ und $B = 64$, sobald wir diese erreicht haben. Im Vergleich zu typischen kollektiven Entscheidungen erscheint das nicht als gutes Modell, da diese extremen Situationen eines perfekten Konsenses normalerweise nicht erreicht werden. Was wir dagegen typischerweise beobachten, ist, dass eine große Mehrheit sich auf eine Option einigt und einige wenige gegensätzliche Meinungen erhalten bleiben. Dies ist eine günstige Eigenschaft, um insbesondere in dynamischen Umwelten adaptiv zu bleiben.

Schwarm-Urnenmodell

Um diesen Nachteil des Eigen-Modells zu korrigieren, entwickeln wir eine weitere Variante eines Urnenmodells, das die Zustände des extremen Konsenses vermeidet und so fürs kollektive Entscheiden besser geeignet ist. Wir starten mit dem ursprünglichen Eigen-Modell, aber bauen nun eine explizite Auswahl zwischen positivem und negativem Feedback ein. Diese Auswahl machen wir von einer Wahrscheinlichkeit für positives Feedback P_{FB} abhängig. Eine Ziehung erfolgt somit in mehreren Schritten. Wir ziehen mit Zurücklegen, merken uns die Farben, bestimmen, ob wir in dieser Runde positives Feedback (mit Wahrscheinlichkeit P_{FB}) oder negative Feedback haben (mit Wahrscheinlichkeit $1 - P_{FB}$) und ersetzen schließlich eine entsprechende Kugel in der Urne durch die andere Farbe (siehe ◘ Abb. 5.9).

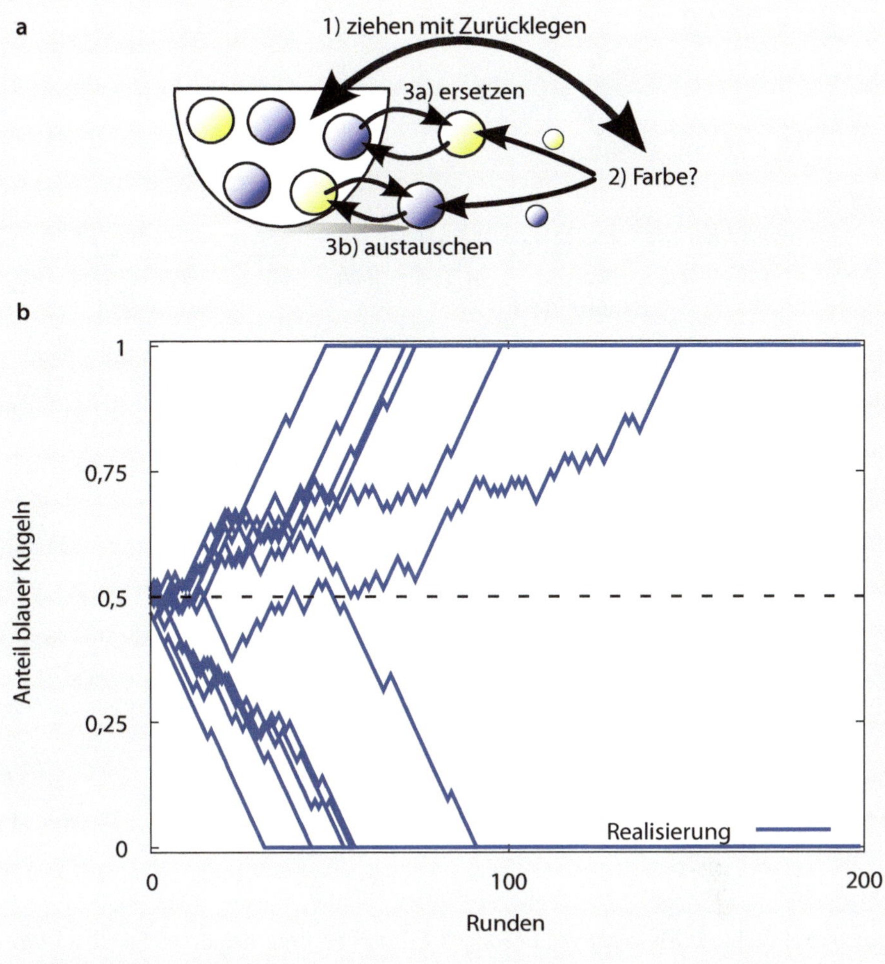

Abb. 5.8 Eigen-Urnenmodell, **a** Zugregeln, **b** Anteil der blauen Kugeln über Anzahl der Runden des wiederholten Ziehens, zu Beginn sind 50 % der Kugeln blau

Bevor wir uns wie zuvor typische Abläufe der Zugrunden anschauen, führen wir zuerst das Grundkonzept der Wahrscheinlichkeit für positives Feedback (P_{FB}) ein. Wenn wir nochmal das Ehrenfest-Modell betrachten, dann stellen wir fest, dass wir eine konstante Wahrscheinlichkeit für positives Feedback von $P_{\text{FB}} = 0$ haben (siehe Abb. 5.9a). Beim Betrachten des Eigen-Modells stellen wir fest, dass wir ebenfalls eine konstante Wahrscheinlichkeit haben, allerdings gegenteilig mit $P_{\text{FB}} = 1$ (siehe Abb. 5.9b). Um nicht auf den Konsens wie im Eigen-Modell zu konvergieren, benötigen wir eine Wahrscheinlichkeit für positives Feedback, die sich abhängig vom Systemzustand verändert. Wir benötigen eine hohe Wahrscheinlichkeit für positives Feedback in der Nähe von $s \approx 0{,}5$, um uns von dem unentschiedenen Zustand per Fluktuationen schnell zu entfernen. Wir benötigen wiederum eine niedrigere

5

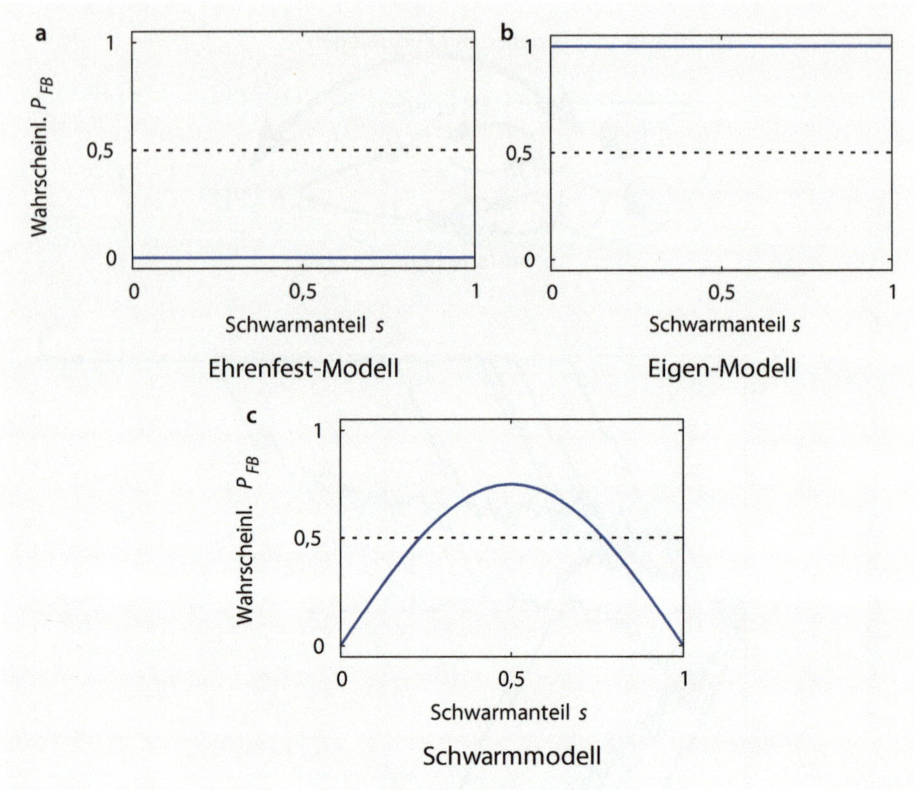

Abb. 5.9 Funktionen der Wahrscheinlichkeit für positives Feedback $P_{\mathrm{FB}}(s)$ für das **a** Ehrenfest-Modell ($P_{\mathrm{FB}}(s) = 0$), **b** Eigen-Modell ($P_{\mathrm{FB}}(s) = 1$), und **c** Schwarmmodell ($P_{\mathrm{FB}}(s) = 0,75 \sin(\pi s)$)

Wahrscheinlichkeit für positives Feedback (also vorrangig negatives Feedback) in der Nähe der Extremsituationen $s \approx 0$ und $s \approx 1$, um entfernt von den Konsens-Situationen zu bleiben. Hierfür gäbe es prinzipiell unzählige Möglichkeiten. Wir wählen einigermaßen willkürlich $P_{\mathrm{FB}}(s) = 0{,}75 \sin(\pi s)$ aus (siehe Abb. 5.9c). Beispiele für sich ergebende Trajektorien sind in Abb. 5.10 dargestellt. Wie gewünscht, halten die Trajektorien Abstand zu den extremen Zuständen $s \in \{0,1\}$, da negatives Feedback dominiert, sobald wir in deren Nähe kommen ($P_{\mathrm{FB}} < 0{,}5$).

Schließlich schauen wir uns noch die durchschnittlich erwartete Veränderung der Systemvariable s innerhalb einer Runde an (siehe Abb. 5.11). Für das Schwarm-Urnenmodell erhalten wir

$$\Delta s(s) = 4\left(P_{FB}(s) - \frac{1}{2}\right)\left(s - \frac{1}{2}\right).$$

Für das Ehrenfest-Modell haben wir einen Fixpunkt $s^* = 0{,}5$. Für das Eigen-Modell haben wir zwei Fixpunkte $s_1^* = 0$ und $s_2^* = 1$. Für das Schwarm-Urnenmodell haben wir zwei Fixpunkte $s_1^* \approx 0{,}23$ und $s_2^* \approx 0{,}77$. Zwischen $s \approx 0{,}23$ und $s \approx 0{,}77$ wird

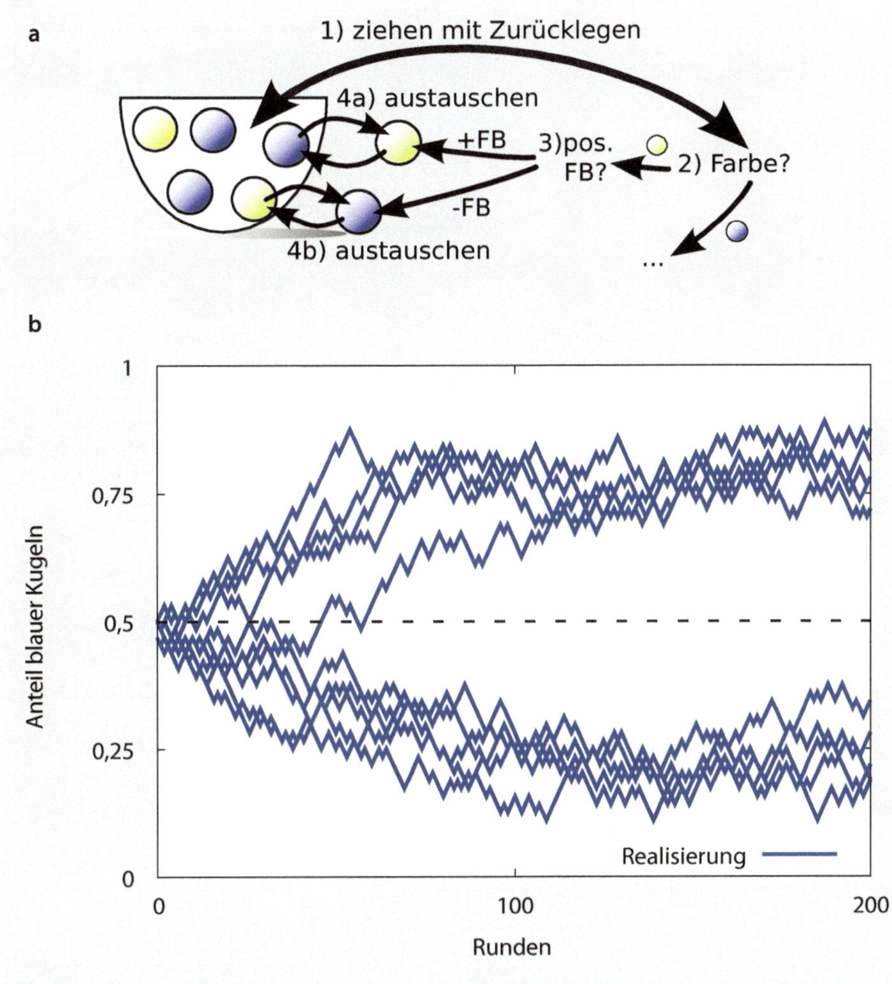

Abb. 5.10 Schwarm-Urnenmodell: **a** Zugregeln, **b** Anteil der blauen Kugeln über Anzahl der Runden des wiederholten Ziehens. Zu Beginn sind 50 % der Kugeln blau

der Schwarm durch positives Feedback weg von $s = 0{,}5$ getrieben. Zwischen $s \approx 0{,}23$ und $s = 0{,}5$ wird der Schwarm hin zu $s = 0$ getrieben. Zwischen $s = 0{,}5$ und $s \approx 0{,}77$ wird der Schwarm zu $s = 1$ hingetrieben. Zwischen $s = 0$ und $s \approx 0{,}23$ wird der Schwarm auf $s = 0{,}5$ zugetrieben und zwischen $s \approx 0{,}77$ und $s = 1$ wird er Schwarm auf $s = 0{,}5$ zugetrieben.

Mit diesem Schwarmurnenmodell haben wir nun ein einfaches makroskopisches Modell für kollektives Entscheiden. Das Modell hat sogar das Potenzial, um mikroskopische Aspekte darzustellen, etwa den Prozess, dass ein Agent einen anderen zu einem Meinungswechsel überredet (modelliert durch die Ziehungsregeln). Dieses Urnenmodell beschreibt Feedbacks explizit und hilft uns so, die Feedbacks

5

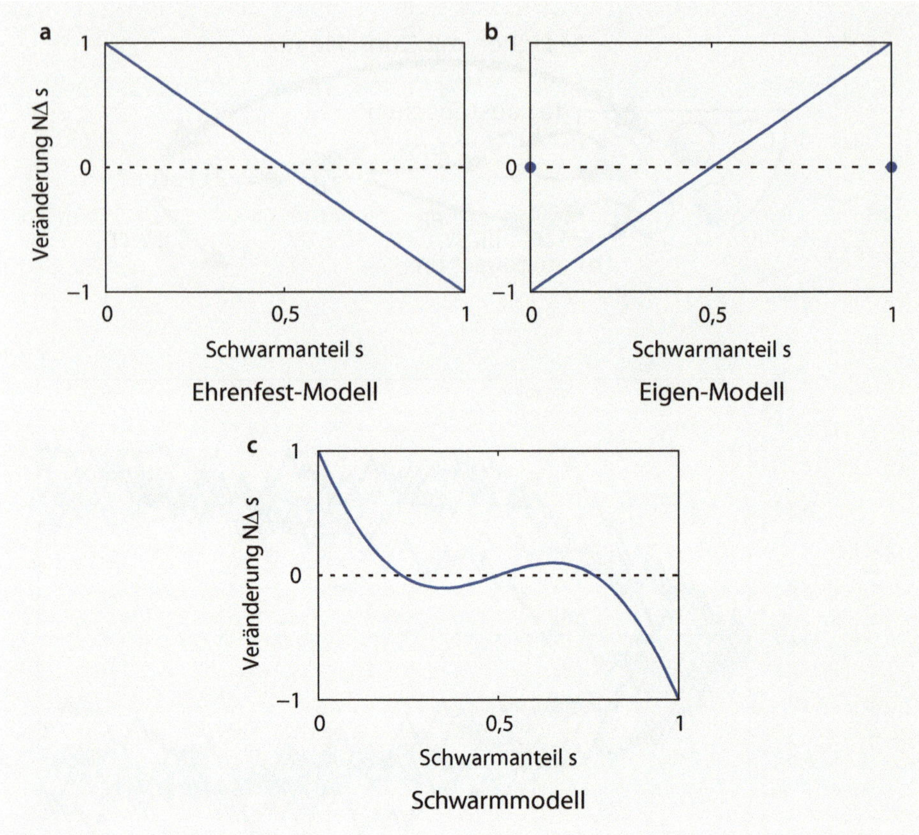

Abb. 5.11 Erwartete Veränderung der Zustandsvariable s innerhalb einer Runde: $\Delta s(s(t))$ für das Ehrenfest-Modell, Eigen-Modell und das Schwarmmodell

wie in ► Abschn. 2.2 eingeführt besser zu verstehen. Trotz seiner verblüffenden Einfachheit, hat das Schwarmurnenmodell Potenzial, auf tatsächliche Schwarm-Entscheidungs-Prozesse angewandt zu werden.

5.3.2 Wählermodell (engl. voter model)

Das Wählermodell ist ein einfaches Modell für kollektives Entscheiden, das erstaunliche Eigenschaften besitzt. Ein Agent i betrachtet die Meinungen m_j seiner Nachbarn $j \in \mathcal{N}_i$. Er wählt einen Nachbarn j zufällig aus (d. h. alle Nachbarn haben die gleiche Wahrscheinlichkeit ausgewählt zu werden) und wechselt seine Meinung zu der Meinung dieses Nachbars (falls die Meinungen bereits übereinstimmen, behält er einfach seine bisherige Meinung). Jetzt fragen Sie sich vielleicht, wie denn dieses Verhalten sinnvoll sein soll, wenn doch nur Meinungen zufällig ausgewählt werden. Sicherlich sollten wir dieser Prozedur zur Meinungsbildung nicht bei den nächsten Wahlen folgen. Jedoch dient uns dieses Verhalten nicht nur als einfachstes mögliches Verhalten, sondern ist durchaus wettbewerbsfähig. Das Wählermodell implementiert ein zwar langsames kollektives Entscheiden, aber es ist sehr genau, d. h. es bringt den Schwarm dazu, sich mit hoher Wahrscheinlichkeit für die korrekte Option zu entscheiden (Valentini et al. 2016b). Dieser hohe Grad an Genauigkeit trotz der zufälligen Auswahl einer Nachbarmeinung mag zwar nicht intuitiv erscheinen, aber es kann wie folgt verstanden werden: Es ist ein langsamer Prozess und somit wenig anfällig für kurzzeitige Fluktuationen, die eventuell in die falsche Richtung führen könnten. Gleichzeitig ist der Prozess nur schwach abhängig vom aktuell anliegenden Systemzustand. Falls momentan eine gewisse Mehrheitsmeinung vorliegt, dann hat diese zwar eine höhere Wahrscheinlichkeit, es gibt jedoch keinen festen Prozess, der den Sieg dieser eventuell nur lokalen Mehrheit vorschreiben würde. Daher ist der Entscheidungsprozess recht robust.

5.3.3 Mehrheitsregel (engl. majority rule)

Die Mehrheitsregel ist ein weiteres einfaches Modell für das kollektive Entscheiden. Im Gegensatz zum Wählermodell ist es intuitiver. Ein Agent i analysiert seine Nachbarschaftsgruppe $\mathcal{G}_i$ und bestimmt die Häufigkeit w_j jeder Option O_j. Der Agent wechselt seine Meinung dann zu der häufigsten Option O_k mit $k = \text{argmax } w_j$, also der aktuellen Mehrheit in der Nachbarschaftsgruppe. Im Vergleich zum Wählermodell ist die Mehrheitsregel ungenauer, aber schneller. Dies kann man intuitiv im folgenden Sinne verstehen. Nehmen wir eine extreme Situation an, in der die Agenten einen untypischen Sensor mit einer sehr weiten Reichweite haben, der den gesamten Schwarm abdeckt. Angenommen, es gäbe nur zwei Optionen O_1 und O_2 und zu Beginn habe jeder Agent eine 50-50-Chance, mit einer dieser Optionen zu starten. Somit wäre dann auch die Gesamtverteilung der Meinungen nahe an der 50-50-Situation. Die initiale Mehrheit im Schwarm ist damit zufällig bestimmt. In 50 % der Fälle wir diese zufällige Initial-Mehrheitsmeinung die falsche sein, aber der Schwarm konvergiert innerhalb von einem Schritt auf diese Meinung. Beim Wählermodell wird selbst ein Agent mit dieser extremen Sensorreichweite lediglich einen Agenten zufällig auswählen und zu dessen Meinung wechseln. Innerhalb einer Runde geschieht also nicht viel und der Schwarm hat weiterhin die Chance, die korrekte Option zu finden. Wenn wir die Dauer der Werbungsphase mit der Qualität der Option korrelieren, dann hätte der Schwarm noch die Möglichkeit, auf die richtige Option zu konvergieren.

5.3.4 Modell nach Hegselmann und Krause

Ein Modell, das in einigen Forschungsbereichen bekannt ist, ist das Hegselmann-Krause-Modell (Hegselmann und Krause 2002). In Anbetracht seiner Einfachheit ist es erstaunlich, dass es erst im Jahre 2002 publiziert wurde. Die Agenten wählen mögliche Optionen x aus einem Kontinuum auf dem Intervall $x \in [0, L]$ mit $L \geq 1$. Also positionieren sich unsere Agenten meinungsmäßig, wobei das Intervall $[0, L]$ nicht in direktem Zusammenhang mit der physischen Position der Agenten im Raum stehen muss. Die Idee ist, dass nun jeder Agent i sich auf den Schwerpunkt der Meinungen seiner Nachbarschaftsgruppe $\mathcal{G}_i$ zubewegt. Die Aktualisierungsregel für einen Zeitschritt für Agent i ist

$$x_i = \frac{1}{|\mathcal{G}_i|} \sum_{j \in \mathcal{G}_i} x_j, \tag{5.7}$$

5

mit $\mathcal{G}_i = \{1 \leq j \leq N : ||x_i - x_j|| \leq 1\}$. Im klassischen Modell nehmen wir an, dass alle Agenten simultan ihre Position neu berechnen. Natürlich kann man trotzdem asynchrone Hegselmann-Krause-Varianten untersuchen. Dies ist insbesondere für die Schwarmrobotik interessant, sowie für mögliche Angreiferszenarien. Zum Beispiel kann ein feindlicher Agent bewusst keine Updates durchführen, um den Schwarm in seinem Sinne zu beeinflussen.

Dem klassischen Modell folgend agieren alle Agenten gierig (engl. greedy). Sie versammeln sich schnell mit ihren Nachbarn, explorieren ihre Umwelt aber nicht und können so nicht wissen, ob direkt hinter ihrem Wahrnehmungshorizont weitere Schwarmkollegen warten. Daher erhalten wir einige kleine Cluster aggregierter Agenten für relevant gewählte Werte für L, Schwarmgröße N und initiale Verteilung der Meinungen (siehe ◘ Abb. 5.12, links). Dies erscheint als eher mangelhaftes Modell für Schwärme. Um ein realistischeres Modell zu erhalten, können wir einen Rauschterm $\varepsilon_i \in [-0{,}5, 0{,}5]$ hinzufügen (gleichverteilte Zufallsvariable). Wir erhalten

$$x_i = \frac{1}{|\mathcal{G}_i|} \sum_{j \in \mathcal{G}_i} x_j + \varepsilon_i. \tag{5.8}$$

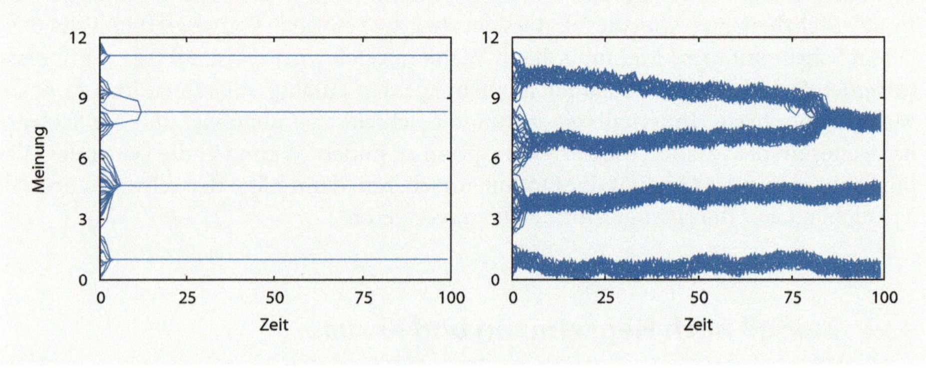

◘ **Abb. 5.12** Beispiele für Trajektorien im „Meinungsraum" für (links) das originale Hegselmann-Krause-Modell (Gl. 5.7) und (rechts) die Variante mit Exploration (Gl. 5.8); gewählte Parameter: $L = 12$, Schwarmgröße $N = 100$. Die initialen Roboterpositionen sind zufällig gleichverteilt auf dem Intervall $[0, 12]$

Der Rauschterm ε_i sorgt dann für das gewünschte explorative Verhalten, das den Agenten ermöglicht, sich temporär von einem Cluster zu entfernen. Schließlich können sich so ganze Cluster vereinigen und die Agenten können sich in größeren Gruppen aggregieren (siehe ◘ Abb. 5.12, rechts).

5.3.5 Kuramoto-Modell

Das Kuramoto-Modell ist ebenfalls ein bekanntes Modell und wird normalerweise verwendet, um Synchronisierungsprozesse bei gekoppelten Oszillatoren zu beschreiben. Ein Agent wird also durch einen Oszillator repräsentiert. Dies kann z. B. ein harmonischer Oszillator aus der klassischen Mechanik sein oder sogar ein noch einfacheres Modell. Jeder Agent $i \in \{1, 2, \ldots, N\}$ besitzt seine aktuelle Phase $\theta_i \in [0,2\pi)$ als seinen internen Zustand. Im Standardmodell nach Kuramoto aktualisiert ein Agent seine Phase gemäß der gewöhnlichen Differentialgleichung

$$\frac{d\theta_i}{dt} = \omega_i + \frac{K}{N} \sum_{j=1}^{N} \sin(\theta_j - \theta_i) \tag{5.9}$$

für die bevorzugte Frequenz ω_i und die Kopplungsstärke K des Agenten. Das Standardmodell nimmt jedoch eine globale Kopplung an, sodass jeder Agent mit jedem anderen Agenten kommunizieren kann. Da dies für Schwärme unrealistisch ist, bevorzugen wir eine lokale Kopplung per

$$\frac{d\theta_i}{dt} = \omega_i + \frac{K}{|\mathcal{G}_i|} \sum_{j \in \mathcal{G}_i} \sin(\theta_j - \theta_i) \tag{5.10}$$

mit $\mathcal{G}_i = \{1 \leq j \leq N : \text{dist}(\theta_i, \theta_j) \leq r\}$ für eine Sensorreichweite r und der Funktion $\text{dist}(\cdot)$, die Abstände zwischen Winkeln in Rad als Torus modelliert per

$$\text{dist}(x, y) = \min(\|x - y\|, 2\pi - \|x - y\|). \tag{5.11}$$

Wir nehmen hier also an, dass eine ähnliche Phase auch einer ähnlichen Position entspricht und so sinnvoll Nachbarschaften definiert werden können.

Zu Beginn starten alle Agenten mit einer zufällig gleichverteilten Phase. Die Kopplung bedingt ein Feedback, das eine Synchronisierung anstrebt. Somit ist der Vorgang einem bekannten einfachen Experiment mit Metronomen recht ähnlich. (Ein Metronom ist ein nerviges Gerät, das einem Musikschüler helfen soll, Takt und Geschwindigkeit zu halten.) Man kann z. B. fünf asynchrone Metronome auf ein Brett stellen und das Brett auf zwei flachgelegten Cola-Dosen lagern. Das Brett beginnt dann aufgrund der Bewegung der Metronome langsam, sich hin- und herzubewegen, was wiederum eine Kraft auf die Metronome wirken lässt. Diese Kraft entspricht im Grunde einer globalen Kopplung, die ebenfalls einer Synchronisierung zustrebt. Mit besser werdender Synchronisierung bewegt sich das Brett heftiger hin und her, was wiederum die

Kraft auf die Metronome stärker werden lässt (positives Feedback). Am Ende sind alle Metronome synchronisiert.

Viele Varianten des Kuramoto-Modells sind denkbar und wurden bereits vorgeschlagen. So kann man die Kopplung mit der Distanz zwischen den Phasen gewichten, man kann Rauschen hinzufügen und man kann eine Anordnung der Oszillatoren in Reihen oder Gittern annehmen (entsprechend wirken dann Nachbarn nur auf Nachbarn).

Eine schöne Arbeit benutzt das Konzept der gekoppelten Oszillatoren, um ein Phänomen zu modellieren, das auf der Millennium-Brücke in London (siehe ◘ Abb. 5.13) beobachtet worden ist (Strogatz et al. 2005; Belykh et al. 2017). Aufgrund initialer Fluktuationen begann die Personenbrücke bei ihrer Eröffnung lateral zu schwingen (d. h. sie bewegte sich seitlich in Flussrichtung hin und her). Die Personen auf der Brücke reagierten unbewusst, indem sie ihren Gang synchronisierten. Mit Gruppengrößen oberhalb einer kritischen Schwelle N_C, wurde die Bewegung der Brücke verstärkt (positives Feedback). Dies ist ein selbstorganisierendes System und ein schönes Beispiel für einen Schwarmeffekt. Man fand für die Millennium-Brücke heraus, dass das Phänomen nur dann zu beobachten ist, sobald der Schwarm größer als ein kritischer Wert $N_C = 160$ ist. Die Arbeit von O'Keeffe et al. (2017) ist hier ebenfalls zu nennen, da deren Oszillatoren mobil sind, schwärmen und sich gleichzeitig synchronisieren. Ein Beispiel für eine Anwendung des Kuramoto-Modells in der Robotik beschreiben Moioli et al. (2010). Dort wird das Modell als Benchmark genutzt.

◘ **Abb. 5.13** Millennium-Brücke in London

5.3.6 Axelrod-Modell

Das Axelrod-Modell beschreibt die Verbreitung von Kulturen (Axelrod 1997) und ist eine Abstraktion des Diffusionismus (Theorie der Kulturausbreitung). Wir starten mit einem quadratischen Gitter aus $L \times L$ Zellen. In jeder Zelle lebt ein Agent mit einer Kultur, die durch eine Liste von n Eigenschaften (Ganzzahlen auf einem definierten Intervall) beschrieben wird. Jeder Agent wird mit einer zufälligen Kultur initialisiert. Es folgt eine Vorschrift zur schrittweisen Aktualisierung des Systems. Zuerst wird ein Agent i zufällig ausgewählt. Dann wird ein Nachbar j des Agenten i zufällig ausgewählt. Die Agenten i und j interagieren dann miteinander mit einer Wahrscheinlichkeit $P = s/n$, wobei s die Anzahl der Kultureigenschaften ist, die für beide Agenten gleich sind. Im Falle einer Interaktion wählt Agent i eine Kultureigenschaft des Agenten j, die sich von seiner eigenen unterscheidet, und überschreibt seinen Wert mit dem des Agenten j. Dieser gesamte Prozess wird fortgesetzt bis alle jeweiligen Nachbarn die gleiche Kultur teilen oder komplett verschiedene Kulturen besitzen (d. h. $P = 0/n = 0$). Die Quintessenz des Axelrod-Modells ist, dass „lokale Konvergenz zu globaler Polarisierung“ führen kann und dass „einfache Veränderungsmechanismen zu nicht-intuitiven Ergebnissen führen können“ (große Bereiche mit wenig Polarisierung) (Axelrod 1997). Das Axelrod-Modell kann somit ein interessantes Modell für kollektives Entscheiden sein, wenn räumliche Aspekte relevant sind und mehrere Dinge gleichzeitig entschieden werden müssen.

5.3.7 Ising-Modell

Wir starten mit dem bekannten Ising-Modell, das ursprünglich als abstraktes Modell entwickelt wurde, um den Ferromagnetismus und Phasenübergänge zu beschreiben (Yang 1952). Das Ising-Modell wird so vielseitig angewandt, dass Physiker sich bereits über die fachfremden Anwendungen auf alternative Systeme lustig machen, wie z. B. Sznajd-Weron und Sznajd (2000):

> Das Ising-Spin-Modell ist zweifellos eines der am meisten verwendeten Modelle der statistischen Mechanik. Neuerdings ist das Modell auch das populärste Exportprodukt für andere Bereiche der Wissenschaft geworden, wie z. B. die Biologie, den Wirtschaftswissenschaften und der Soziologie. Dafür gibt es zwei Hauptgründe: Erstens, wie zuerst vom Nobelpreisgewinner Peter B. Medawar in Worte gefasst, „Physik-Neid“, ein Syndrom, das bei manchen Wissenschaftlern beobachtet werden kann, die gerne solch schöne und recht einfache Modelle wie die Physiker hätten (beispielsweise das Ising-Modell).

Das ursprüngliche Ising-Modell ist auf einem Gitter definiert, also auf regulär angeordneten Punkten mit definierten Nachbarschaftsbeziehungen, z. B. mit vier Nachbarn (siehe ◘ Abb. 5.14). Dem Standardmodell folgend nimmt man dieses Gitter als statisch an, d. h. jeder Punkt behält seine Nachbarn langfristig. Zusätzlich zu den Nachbarschaftsbeziehungen des Gitters, hat jeder Punkt auch noch den sogenannten Spin (Eigendrehimpuls), der hier als binär angenommen wird und somit nur zwei Werte

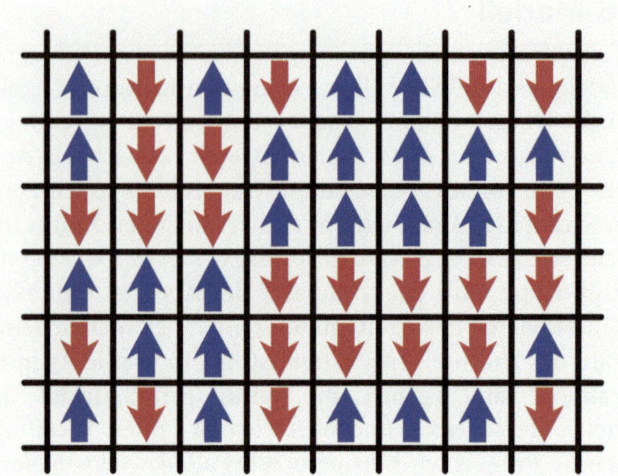

Abb. 5.14 Beispielkonfiguration eines zweidimensionalen Ising-Modells. Rote Pfeile repräsentieren Spins mit $s = +1$ und blaue Pfeile repräsentieren Spins mit $s = -1$

annehmen kann: $+1$ oder -1. Die Standarddefinition des Ising-Modells erfolgt über den Hamiltonoperator, der die Gesamtenergie des Systems angibt. Wir erhalten

$$H = -J \sum_{\langle ij \rangle} s_i s_j - B \sum_i s_i \tag{5.12}$$

für die Kopplungskonstante J und das externe magnetische Feld mit Konstante B. Der Term $\langle ij \rangle$ beschreibt die Menge aller Paare benachbarter Spins gemäß dem Gitter und wir haben N Spins, also $i \in \{1, 2, \ldots, N\}$. Wir benötigen hier kein externes Feld und setzen $B = 0$. Es ergibt sich

$$H = -J \sum_{\langle ij \rangle} s_i s_j. \tag{5.13}$$

Es ist interessant, dass der Hamiltonoperator keine Aussage über das lokale Verhalten der einzelnen Spins macht. Stattdessen ist der Physiker scheinbar damit zufrieden, den globalen Systemzustand zu kennen. In der Schwarmintelligenz möchten wir aber auch die lokalen Verhaltensweisen kennenlernen und in der Schwarmrobotik haben wir einen sogar einen diametralen Unterschied zur Physik, da wir hier das lokale Verhalten selbst definieren müssen. Der Physiker hingegen findet ein bereits vollständig entwickeltes System vor, das es lediglich noch zu verstehen und zu beschreiben gilt. Das eigentliche physikalische System, das durch das Ising-Modell beschrieben wird, d. h. das ferromagnetische System, verändert seine Spins spontan durch Fluktuationen und lokale Interaktionen. Daher ist das Verhalten der Spins also unseren Schwarmagenten recht ähnlich, die ihre Umwelt mit zufälligen Aktionen erforschen und mit ihren Nachbarn kooperieren.

Als nächstes definieren wir das lokale Verhalten der Spins mittels einer Monte-Carlo-Simulation (Markow-Ketten-Monte-Carlo-Simulation, Berg und Billoire 2007). Physiker nutzen diese Simulation lediglich als Hilfswerkzeug, um bestimmte Eigenschaften des Spin-Systems zu berechnen, und beabsichtigen nicht, damit das tatsächliche Verhalten der Spins zu beschreiben. Wir hingegen nehmen diese lokalen Regeln der Simulation als Definition des Agentenverhaltens. Genauer gesagt, nutzen wir die numerische Methode des Metropolis-Algorithmus als Definition des Agentenverhaltens.

Der Metropolis-Algorithmus (benannt nach Nicholas Metropolis) definiert die sogenannte Einzelspin-Umklappdynamik (engl. single-spin-flip dynamics) und versucht jeweils einen Spin pro Zeitschritt umzuklappen, um so einen Übergang von einer gegeben Konfiguration v zur nächsten Konfiguration w zu implementieren. Dafür wählen wir zufällig einen Punkt i auf dem Gitter mit homogener Auswahlwahrscheinlichkeit $g(i) = 1/N$ und berechnen die Veränderung in der Energie $\Delta E = E_w - E_v$, die ein Wechsel des Spins bedingen würde. Wir akzeptieren den Spinwechsel: i) wenn $\Delta E \leq 0$ mit Wahrscheinlichkeit Eins; und ii) wenn $\Delta E > 0$, jeweils lediglich mit einer definierten Annahmewahrscheinlichkeit A in Abhängigkeit von der Energieveränderung ΔE definiert durch

$$A(v, w) = \exp(-\beta(E_w - E_v)) = \exp(-\beta \Delta E), \tag{5.14}$$

mit $\beta = (kT)^{-1}$ für die Boltzmann-Konstante k und Temperatur T. Zwecks Vereinfachung und weil wir hier kein echtes physikalisches System simulieren möchten, setzten wir typischerweise $k = 1$. Eine negative Energiedifferenz $\Delta E < 0$ entspricht einer Mehrheitsentscheidung der Agenten und eine positive Energiedifferenz $\Delta E > 0$ entspricht einer Minderheitsentscheidung. Für $T > 0$ haben wir eine Wahrscheinlichkeit größer als Null für eine Minderheitsentscheidung und für $T = 0$ haben Minderheitsentscheidungen eine Wahrscheinlichkeit von Null. Die Temperatur definiert, ob es freie Energie im System gibt, um erforschende Aktionen durchzuführen, d. h. Aktionen, die die Gesamtenergie erhöhen statt sie zu verringern (die Minimierung der Energie ist ein Grundprinzip aller natürlichen Prozesse).

Eine interessante Konstellation erhalten wir durch folgendes Vorgehen: Wir initialisieren das System mit $T = \infty$, was uns eine zufällige und unkorrelierte Initialisierung der Spins liefert. Dann setzen wir $T = 0$, d. h. wir kühlen das System, da wir uns entschlossen haben, ein homogenes System zu erzeugen. Als Effekt und Gl. 5.14 folgend akzeptieren wir keine Spinwechsel, die die Energie vergrößern würden (das entspräche einer Minderheitsentscheidung). Somit erhalten wir ein System, das einfach gierig und lokal optimiert (hier mit dem Ziel, die Gesamtenergie zu minimieren). Der interessierte Leser kann zum Beispiel mit der Arbeit von Galam (1997) fortfahren, die das Ising-Modell direkt mit Gruppenentscheidungen verbindet.

5.3.8 Faserbündelmodell

Das Faserbündelmodell geht zurück auf Peires (1926). Eine modernere Übersicht vermittelt z. B. Raischel et al. (2006). Wir nehmen ein Material an, das N parallele Fasern hat, die in einem regulären Gitter angeordnet sind. Wir untersuchen nun die Reaktion der Fasern auf eine Zugkraft. Jede Faser i ist elastisch und dehnt sich, bis sie reißt, sobald eine individuelle Reißschwelle θ_i erreicht ist. Die Reißschwelle θ_i jeder Faser ist eine unabhängig und identisch verteilte Variable. Die Wahl einer passenden Verteilung ist freigestellt. Eine typische Wahl ist die Weibull-Verteilung

$$P(\theta) = 1 - \exp\left(-\left(\frac{\theta}{\lambda}\right)^m\right), \tag{5.15}$$

mit dem Weibull-Index m und dem Skalierparameter λ. Sobald eine Faser gerissen ist, wird ihre Last auf die noch intakten Fasern verteilt. Wir unterscheiden hierbei zwei Methoden, um die Last zu verteilen. Bei der globalen Lastverteilung wird die Last gleichmäßig auf alle intakten Fasern im System verteilt. Bei der lokalen Lastverteilung wird die gesamte verbliebene Last lediglich gleichmäßig auf die Nachbarn verteilt. So können wir z. B. eine Neumann-Nachbarschaft wählen und die Last auf die vier (falls noch nicht zerrissen) Nachbarn verteilen (nördlich, östlich, südlich, westlich). Für Anwendungen in der Schwarmintelligenz beschränken wir uns natürlich auf die lokale Variante. Ein interessanter Effekt, den man in diesem Modell beobachten kann, ist das Auftreten von massenhaften Faserrissen (engl. avalanche). Wir können zählen, wie viele Fasern in einem solchen Massenereignis reißen, und so die Ereignisgröße Δ definieren. Die Verteilung D der Ereignisgrößen Δ folgt einem Potenzgesetz mit Exponenten $5/2$ (Raischel et al. 2006)

$$D(\Delta) \propto \Delta^{-5/2}. \tag{5.16}$$

Im Zusammenhang mit der Schwarmrobotik können wir das Faserbündelmodell als zeitliches Modell für kollektives Entscheiden interpretieren. Nehmen wir an, die Aufgabe sei nicht, aus mehreren Optionen auszuwählen, sondern zu entscheiden, wann eine einzige Option kollektiv auszuführen ist (z. B. Fluchtverhalten oder der Baustart bei kollektivem Bauen). Das Reißen einer Faser würden wir dann uminterpretieren als das positive Ereignis, dass ein Agent die Aktion jetzt durchführen möchte oder sogar bereits damit beginnt. Diese Einzelentscheidung des Agenten kann weitere derartige Entscheidungen in seiner Nachbarschaft auslösen. Die individuelle Reißschwelle θ_i würde dann der individuellen Sensitivität des Agenten entsprechen und das massenhafte Reißen von Fasern der zügigen Ausbreitung der Entscheidung im Schwarm. Das Potenzgesetz der Ereignisgrößen Δ würde uns einen Hinweis darauf geben, wie viele Entscheidungen pro Agent und Zeit wir vom Aktionsstart an durchschnittlich erwarten sollten. Ein Nachteil des Faserbündelmodells ist, dass die Fasern immobil sind und dass ihre Nachbarschaft statisch ist. Die Reißschwelle θ_i führt auf interessante Weise eine Form der Heterogenität ein, die für den Schwarm als Ganzes von Vorteil gegenüber einem homogenen Ansatz sein könnte. Dieser Zusammenhang ist jedoch noch unklar.

5.3.9 Sznajd-Modell

Das Sznajd-Modell (Sznajd-Weron und Sznajd 2000) ist auch bekannt als USDF-Modell („united we stand, divided we fall"). Ein Individuum i hat eine Meinung $S_i = 1$ für

„nein" oder $S_i = -1$ für „ja". Ein Individuum hat zwei Nachbarn. In jedem Zeitschritt werden zwei benachbarte Individuen S_i und S_{i+1} zufällig ausgewählt. Die Meinung ihrer Nachbarn S_{i-1} und S_{i+2} wird dann wie folgt aktualisiert

- wenn $S_i S_{i+1} = 1$ dann $S_{i-1} = S_i$ und $S_{i+2} = S_i$,
- wenn $S_i S_{i+1} = -1$ dann $S_{i-1} = S_{i+1}$ und $S_{i+2} = S_i$.

Dieses Modell endet jeweils entweder in einem vollständigen Konsens oder in einem Patt (unentschiedener Schwarm). Für das Sznajd-Modell ist ein Potenzgesetz mit Exponent $-1{,}5$ bekannt. Für die Schwarmintelligenz ist das Modell also interessant, um Konsens-Entscheidungen mit räumlichen Nachbarschaften nachzubilden. Hierbei wird angenommen, dass jeweils Zweiergruppen ihre Nachbarn überzeugen.

5.3.10 Bass-Diffusionsmodell

Das Bass-Diffusionsmodell (Bass 1969) ist nach Frank Bass benannt und eine Abstraktion des Ablaufs, wie innovative Produkte durch Kunden über die Zeit nach dem Verkaufsstart angenommen werden (man denke z. B. an ein neues Smartphone). Die zugrunde liegende Annahme ist, dass die Neuigkeiten über das Produkt sich durch Mund-zu-Mund-Propaganda von frühen Käufern (Innovatoren) zu potenziellen Käufern (Imitatoren) verbreiten. Das ist dem Konzept der sogenannten „lock-ins" von (Arthur 1989) ähnlich, die z. B. bei Wettbewerben um Standards zu beobachten sind. Oft konkurrieren wechselseitig inkompatible und proprietäre Formate, wie z. B. damals bei den Videokassetten zwischen Betamax und VHS. Beim Bass-Diffusionsmodell betrachten wir jedoch nur ein einzelnes Produkt und wie es sich über den Markt ausbreitet. Die bewusst oder unbewusst durchgeführte Mund-zu-Mund-Propaganda von Käufern können wir als kollektives Entscheiden zwischen zwei Optionen interpretieren: kaufen oder nicht kaufen. Mit dem Bass-Diffusionsmodell können wir diesen Prozess in seiner Entwicklung über die Zeit untersuchen.

Der Anteil des Marktes (Käufer), der das neue Produkt zum Zeitpunkt t kauft, sei $f(t)$, und der Anteil des Marktes, der das Produkt bereits gekauft hatte, sei $F(t)$. „Der Anteil des potenziellen Marktes, der das Produkt zur [Zeit] t kauft unter der Annahme, dass sie es noch nicht gekauft haben, entspricht einer linearen Funktion der vorigen Käufer"[1]. Wir definieren

$$\frac{f(t)}{1 - F(t)} = p + qF(t), \tag{5.17}$$

mit dem Innovationskoeffizienten p und dem Imitationskoeffizienten q. Für einen potenziellen Markt der Größe N erhalten wir Verkäufe $S(t) = Nf(t)$, was wir mittels p, q und N ausdrücken können (Bass 1969) als

1 ► http://www.bassbasement.org/bassmodel/bassmath.aspx

5

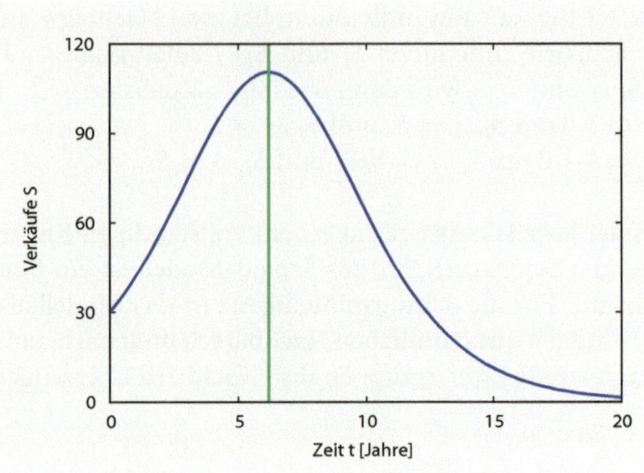

Abb. 5.15 Absatzkurve gemäß Bass-Diffusionsmodell: Marktgröße $N = 1000$, Innovationskoeffizient $p = 0{,}03$, Imitationskoeffizient $q = 0{,}38$, Zeit des maximalen Absatzes $t^* \approx 6{,}19$

$$S(t) = N\frac{(p+q)^2}{p}\frac{e^{-(p+q)t}}{\left(1+\frac{q}{p}e^{-(p+q)t}\right)^2}. \tag{5.18}$$

Das Maximum an Verkäufen wird zum Zeitpunkt $t^* = \frac{\ln q - \ln p}{p+q}$ erreicht. Ein Beispiel für die zu erwartenden Verkäufe (Absatzkurve) über mehrere Jahre hinweg ist in Abb. 5.15 zu sehen. In der Schwarmintelligenz können wir die Marktgröße N als Schwarmgröße interpretieren und $S(t)$ gibt an, wie viele Agenten zur Zeit t von der Option „kaufen" überzeugt worden sind.

5.3.11 Soziophysik und Gegenspieler

Galam (2008) hat eine Menge von Modellen über mehrere Jahrzehnte hinweg entwickelt, die er „Soziophysik" (engl. sociophysics) nennt. Er konzentriert sich dabei auf kollektives Entscheiden, demokratische Wahlen und Meinungsdynamik (engl. opinion dynamics). Aus der Vielzahl seiner Arbeiten (Galam 2004, 2008; Galam und Moscovici 1991, 1994, 1995) wählen wir ein Modell zum kollektiven Entscheiden, das Gegenspieler (engl. contrarians) berücksichtigt (Galam 2004, 2008). „Ein Gegenspieler ist jemand, der sich ganz bewusst entscheidet, sich der vorherrschenden Meinung zu widersetzen." (Galam 2004). Während in natürlichen Schwärmen ein derartiges Verhalten eher unwahrscheinlich ist, könnte es in Roboterschwärmen durchaus auftreten. Ein Gegenspieler könnte ein fehlerhafter Roboter oder ein sabotierender Eindringling sein. Die Gegenspieler könnten aber auch extra hinzugefügt worden sein (und damit einen heterogenen Schwarm bilden), um den Schwarm davon abzuhalten, auf einen Konsens zu konvergieren.

Wir gehen von einem Anteil $0 \leq a \leq 1$ von Gegenspielern an der Population aus. Weiterhin nehmen wir an, dass der Systemzustand durch $0 \leq s \leq 1$ gegeben ist (Das ist der Anteil der Agenten, die für Option O_1 in einem binären Entscheidungsproblem $O = \{O_1, O_2\}$ sind.). In Abhängigkeit vom aktuellen Zustand s_t, sind die Gegenspieler immer gegen die momentane Mehrheitsmeinung. Wir möchten nun die zeitliche Entwicklung dieses Systems untersuchen, das heißt die Zeitreihe $s_0, s_1, s_2, \ldots$. Den Prozess, wie ein Agent seine Meinung wechselt, bauen wir auf folgender Annahme auf: Wir sagen, dass sich in jedem Zeitschritt willkürliche Gruppen $\mathcal{G}$ von Agenten formen. Diese Gruppen haben eine definiert konstante Größe von $|\mathcal{G}| = r$. Beliebig mögliche, räumliche Korrelationen zwischen Agenten ignorieren wir hier. Wir nehmen auch an, dass innerhalb dieser Gruppen eine Mehrheitsregel greift und entsprechende Meinungsänderungen auslöst. Jetzt interessieren wir uns noch für die Aktualisierungsregel des Zustandes s. Wir beginnen zuerst ohne Gegenspieler, d. h. wir setzen $a = 0$. Nun müssen wir uns etwas mit Kombinatorik beschäftigen und alle möglichen Kombinationen der Gruppen mit Größe r für die beiden Optionen O_1 und O_2 durchspielen. Wir summieren über alle Kombinationsmöglichkeiten, die in einem Mehrheitsentscheid für Option O_1 enden, und erhalten die Aktualisierungsregel

$$s_{t+1} = \sum_{m=\frac{r+1}{2}}^{r} \binom{r}{m} s_t^m (1 - s_t)^{r-m}. \tag{5.19}$$

Um nun den Einfluss durch Gegenspieler zu modellieren, müssen wir lediglich einen inversen Term hinzufügen. Dieser Term modelliert diejenigen Gruppen, bei denen sich eigentlich eine Mehrheit für O_2 entschieden hätte; jedoch ist die Annahme, dass ein Anteil von Gegenspielern ausgereicht hat, um die Entscheidung zu wechseln. Wir gewichten dann diese beiden Terme mit dem Anteil von Gegenspielern a. Hierbei ist der Anteil der Gegenspieler statistisch aufzufassen und die Anzahl von Gegenspielern in einer beliebigen Gruppe unterliegt einer hier nicht näher spezifizierten Varianz. Wir erhalten

$$\begin{aligned} s_{t+1} = {} & (1 - a) \sum_{m=\frac{r+1}{2}}^{r} \binom{r}{m} s_t^m (1 - s_t)^{r-m} \\ & + a \sum_{m=\frac{r+1}{2}}^{r} \binom{r}{m} (1 - s_t)^m s_t^{r-m}. \end{aligned} \tag{5.20}$$

Für Gruppengröße $r = 3$ erhalten wir z. B.

$$\begin{aligned} s_{t+1} = {} & (1 - a) \left(s_t^3 + 3s_t^2(1 - s_t)\right) \\ & + a \left((1 - s_t)^3 + 3(1 - s_t)^2 s_t\right). \end{aligned} \tag{5.21}$$

Einige Beispiele der sich ergebenden Funktionen $s_{t+1}(s_t)$ für variiertes $a \in \{0; 0{,}05; 0{,}1; 0{,}25\}$ sind in ◘ Abb. 5.16 gezeigt. Die Schnittpunkte der Funktion $s_{t+1}(s_t)$ mit der Diagonalen $s_{t+1} = s_t$ sind die Fixpunkte. In Abhängigkeit vom Anteil an

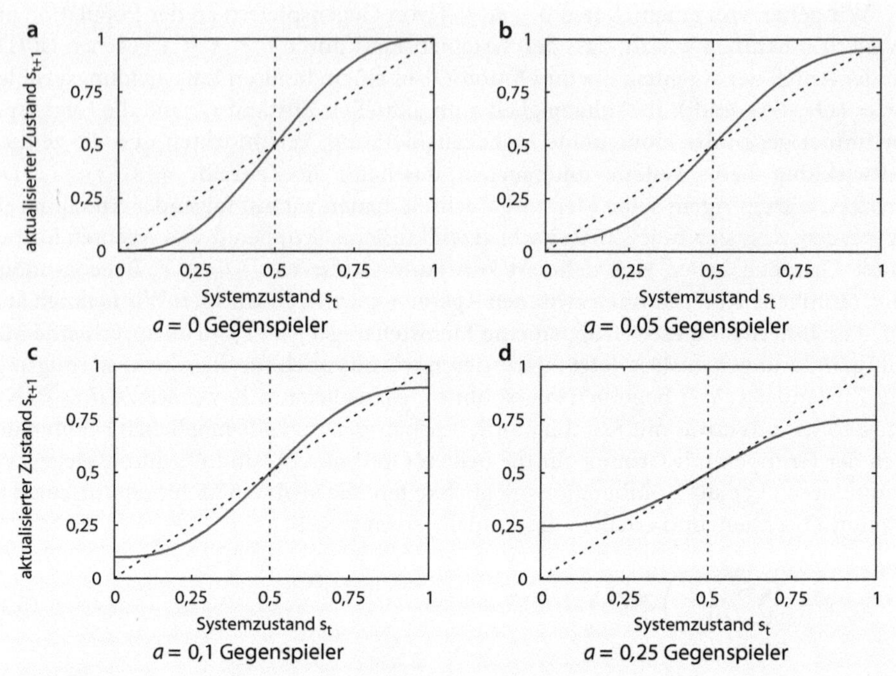

Abb. 5.16 Soziophysik und Gegenspieler (Galam 2004), Veränderung der Systemzustände s (Anteil der Agenten mit Meinung o_1) in Abhängigkeit des Gegenspieleranteils a im Schwarm (Gruppengröße $r = 5$, Gl. 5.20)

Gegenspielern a gibt es einen qualitativen Unterschied. Für $a \in \{0; 0{,}05; 0{,}1\}$ sind die Fixpunkte $s_1^* \approx 0$ und $s_2^* \approx 1$ stabil, während $s_3^* = 0{,}5$ instabil ist. Jedoch erhalten wir für $a = 0{,}25$ lediglich einen stabilen Fixpunkt $s_1^* = 0{,}5$, was bedeutet, dass der Schwarm auf den unentschiedenen Zustand mit 50 % für Option O_1 und 50 % für Option O_2 konvergiert. Ein relativ geringer Anteil an Gegenspielern reicht also aus, um den Entscheidungsprozess zu behindern. Zudem bestimmt die Steigung der Funktion $s_{t+1}(s_t)$, wie lange der Schwarm braucht, um zu konvergieren (steiler ist schneller). Also reicht bereits ein geringer Anteil an Gegenspielern von $a = 0{,}05$ aus, um den Entscheidungsprozess zu verlangsamen.

Wie bereits bemerkt, können Gegenspieler in Roboterschwärmen auch konstruktiv genutzt werden. In einer dynamischen Umwelt ist es wünschenswert, dass wir immer einen gewissen Anteil an Agenten haben, die nicht die Mehrheitsmeinung vertreten. So könnten in einem Szenario die Roboter immer gemäß ihrer aktuellen Meinung bestimmte Zielbereiche besuchen und erkunden. Eine Veränderung in der Qualität einer Option (z. B. ein relevanter Anstieg) könnte dann bemerkt werden. Ein adaptiver Schwarm muss also einen vollständigen Konsens vermeiden oder exploratives Verhalten auf alternativem Weg sicherstellen. Somit ist der Ansatz der Gegenspieler dem Ansatz der Anti-Agenten von Merkle et al. (2007) ähnlich. In einem Aggregationsszenario könnten einige wenige Anti-Agenten z. B. versuchen Clustering zu unterbinden, was erstaunlicherweise zu einer schnelleren Aggregation führen kann. Merkle et al. (2007) schlagen zudem vor, dass Anti-Agenten auch genutzt werden könnten, um unerwünschte emergente Effekte zu verhindern.

5.4 Implementierungen aus der Schwarmrobotik

5.4.1 Entscheiden mit 100 Robotern

Seit Kurzem werden die Roboterschwärme bedeutend größer. Seit 2014 ist das größte bekannte Schwarmroboterexperiment das von Rubenstein et al. (2014) mit 1000 Robotern. Hier schauen wir uns einen Schwarm mit 100 Kilobots (Rubenstein et al. 2012) an, die zuerst zwei potenzielle Zielbereiche erforschen und dann sich kollektiv entscheiden sollen, welchen der beiden Bereiche sie auswählen möchten. In einer ganzen Serie von Arbeiten haben Valentini et al. das Wählermodell und die Mehrheitsregel in Roboterschwärmen untersucht (Valentini et al. 2014, 2015a, b, 2016b). Die Aufgabe des Roboterschwarms ist es, sich zwischen einem blauen und einem roten Bereich zu entscheiden (siehe ◘ Abb. 5.17). Zu Beginn sind alle Roboter im mittleren Bereich positioniert und zufällig auf eine blaue oder rote Meinung initialisiert. Die Roboter haben anfänglich keine Information darüber, welche der beiden Seiten besser ist. Jedoch wissen sie, wie man zu dem jeweiligen Bereich navigieren kann. Hinter der roten Seite rechts steht ein Leuchtsignal (bei genauem Hinsehen, kann man die entsprechenden Schatten der Roboter in ◘ Abb. 5.17c erkennen). Die Roboter wissen, dass sie in den roten Bereich kommen, wenn sie dem Licht entgegenfahren (Phototaxis) und dass sie in den blauen Bereich kommen, wenn sie in Bereiche mit weniger Licht fahren (Anti-Phototaxis). Sobald ein Roboter sich im roten oder blauen Bereich befindet, kann er den Bereich Erforschen. Da die Kilobots nur sehr wenige Sensoren haben, emulieren wir das erforschen durch Übertragung von Nachrichten per Infrarotsignal, die einen Wert als Qualität des Bereichs beinhalten und die nur von Robotern in diesem Bereich empfangen werden können. Im folgenden Experiment wurde die rote Seite als diejenige mit höherer Qualität definiert. Wir erwarten also einen Konsens auf rot.

Die Roboter folgen dem prinzipiellen Ablauf des kollektiven Entscheidens in drei Phasen, wie bereits definiert (◘ Abb. 5.5). Die Roboter werden durch einen probabilistischen Zustandsautomaten gesteuert, der für beide Meinungen jeweils einen Zustand *erforschen*, *werben* und *wechseln* hat (◘ Abb. 5.17a). Im Zustand *erforschen* navigiert der Roboter zum jeweiligen Bereich gemäß seiner Meinung, erforscht den Bereich und kehrt in die Mitte der Roboterarena in den weißen Bereich zurück. Im nachfolgenden Zustand *werben* fährt der Roboter zufällig innerhalb des weißen Bereiches herum und sendet permanent Nachrichten, die als Inhalt seine momentane Meinung beinhalten. Diese Nachrichten sendet der Roboter als lokalen Broadcast in seine Nachbarschaft. Also lediglich in den Bereich, den er mit seinem Infrarotsignal abdecken kann (einige wenige Zentimeter im Vergleich zur Gesamtgröße der Arena von 100 cm × 190 cm). Im Zustand *wechseln* bewegt sich der Roboter schließlich weiterhin zufällig im weißen Bereich, lauscht auf Nachrichten seiner Nachbarn für eine gewisse Zeit, sortiert dabei die Nachrichten nach Meinung und zählt sie. Dann wechselt der Roboter gegebenenfalls

a

b

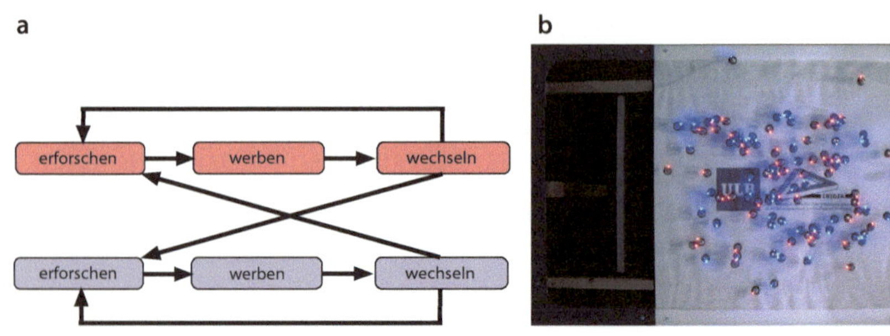

Zustandsautomat des Roboterverhaltens

initiale Konfiguration des Experiments

c

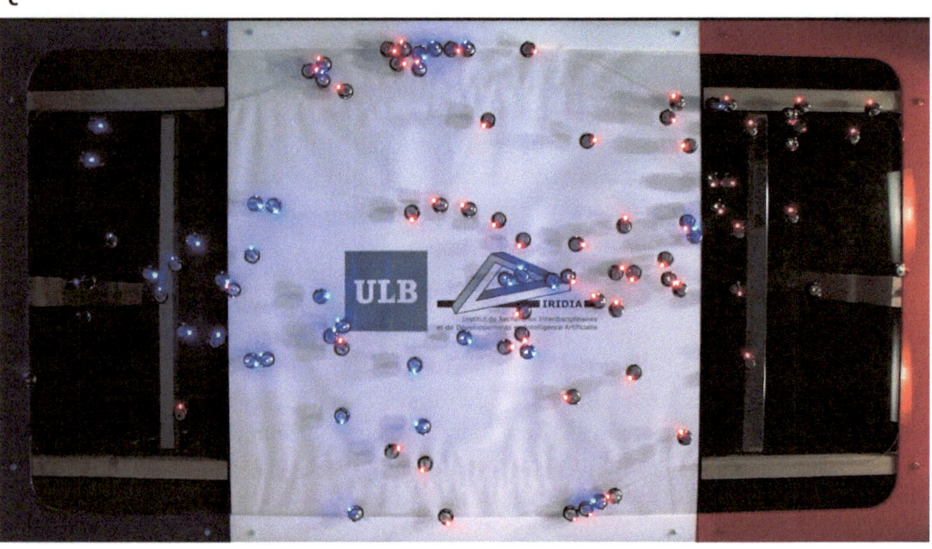

frühe Konfiguration des Roboterexperiments

d

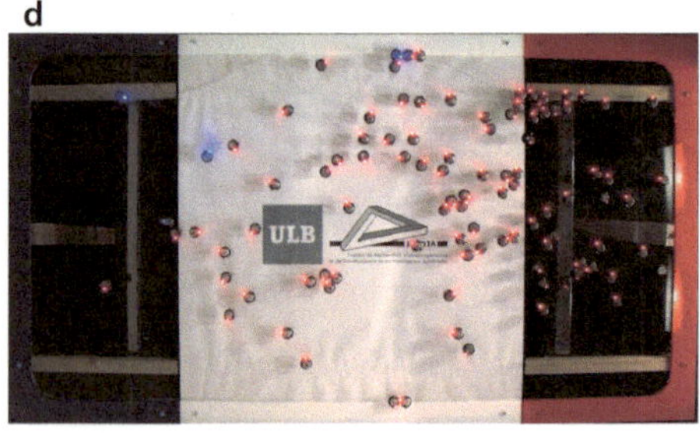

zwischenzeitliche Konfiguration

e

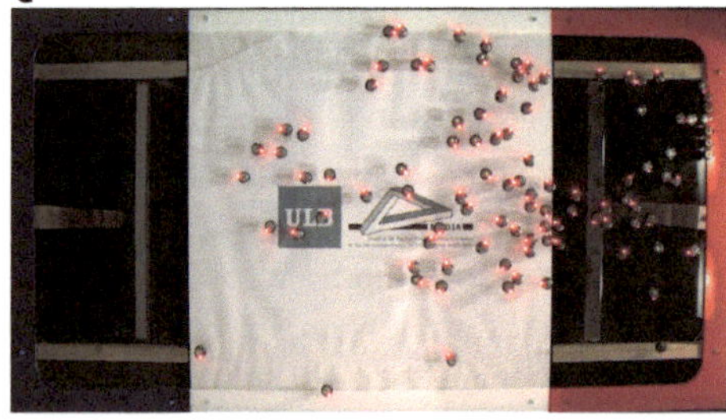

spätere Konfiguration

Abb. 5.17 Kollektives Entscheiden mit 100 Kilobots. (Valentini et al. 2016b)

seine Meinung und beginnt von vorne. Dabei wurden zwei Wechselregeln untersucht. Dem Wählermodell folgend wählt der Roboter zufällig eine Nachricht und wechselt zur Meinung dieser Nachricht. Der Mehrheitsregel folgend vergleicht der Roboter die Anzahlen für „blaue Nachrichten" und „rote Nachrichten" und wechselt zur Mehrheit.

Unabhängig davon, welche der beiden Varianten wir benutzen, gäbe es auf Basis dieser Beschreibung noch keine Tendenz hin zu einem der beiden Bereiche, da die Bereichsqualität bisher noch keinen Einfluss hat. Wir bauen diese Tendenz ins System ein, indem wir die Zeit, die der Roboter im Zustand *werben* verbringt, in Abhängigkeit von der gemessenen Qualität variieren. Eine höhere gemessene Qualität verlängert die Zeit im Zustand *werben*. Dies nennt man moduliertes positives Feedback, da die Roboter so permanent den Grad des positiven Feedbacks beeinflussen.

Ein Experiment mit den 100 Robotern dauert ca. 90 min, was als eher lang erscheinen mag. Die Kilobots können sich mit ihren vibrierenden Beinchen nicht schnell bewegen. Ebenso wird die Erforschung der roten und blauen Bereiche mit einer minimalen Aufenthaltszeit emuliert, obwohl die Roboter dies eigentlich schneller könnten. Der Ansatz funktioniert, wie man in ◘ Abb. 5.17 sehen kann und wie es Valentini et al. (2016b) berichten. Am Ende erreicht der Schwarm einen Konsens auf rot, also tatsächlich auf die bessere Option. Dieses Szenario könnte so eine initiale Phase z. B. beim kollektiven Bauen sein. Denn zu Beginn muss sich der Schwarm auf eine Baustelle einigen, um mit voller Kraft daran arbeiten zu können.

Der Unterschied zwischen dem Wählermodell und der Mehrheitsregel liegt darin, dass das Wählermodell genauer arbeitet, d. h. der korrekte Konsens auf den besseren Bereich öfter erreicht wird. Die Mehrheitsregel bewirkt wiederum einen schnelleren Entscheidungsprozess (Valentini et al. 2016b). Dies entspricht genau den Beobachtungen bei Ameisen (Franks et al. 2003) und bei Entscheidungsprozessen von Menschen (Bogacz et al. 2006). Dieses Phänomen ist als der „Speed-versus-Accuracy-Tradeoff" bekannt, zu deutsch etwa der Geschwindigkeits-Genauigkeits-Kompromiss. Entweder entscheidet man schnell und ungenau oder man entscheidet genau und langsam. Beides kann man nicht gleichzeitig. Die meisten werden diese Regel aus eigener Erfahrung wohl bestätigen können. Die Umkehrung dieser Regel ist jedoch nicht notwendigerweise korrekt. Viel Zeit auf eine Entscheidung zu verwenden verbessert nicht immer die Qualität der letztlich getroffenen Entscheidung. Wenn man also eine Steuerung für einen kollektiv entscheidenden Roboterschwarm entwirft, muss man sich je nach Anwendung entscheiden, ob man der Genauigkeit oder der Geschwindigkeit eine höhere Relevanz einräumt.

5.4.2 Kollektive Wahrnehmung als Entscheiden

Obwohl Valentini et al. (2016a) ihren Ansatz als „kollektive Wahrnehmung" bezeichnen, kann man ihn trotzdem als kollektives Entscheiden ansehen. Als kollektives Wahrnehmen bezeichnet man z. B. den Prozess, wie ein Schwarm ein großes Objekt erkennt. Jeder einzelne Agent kann eventuell nur einen kleinen Teil des Objekts wahrnehmen. Wenn der Schwarm Einzelwahrnehmungen fusioniert, kann er als Ganzes das Objekt erkennen. Die Erforschungsphase ist hier interessanter als im oben beschriebenen

Beispiel mit den Kilobots. Die Roboter müssen über eine globale Eigenschaft ihrer Umwelt entscheiden. Sie bewegen sich auf einem Boden aus weißen und schwarzen Fliesen (siehe ◘ Abb. 5.18) und nutzen einen Bodensensor, um die Helligkeit des Untergrunds zu detektieren. Die Aufgabe des Schwarms ist es herauszufinden, ob die schwarzen oder die weißen Fliesen in der Überzahl sind. Im Gegensatz zum vorherigen Beispiel müssen die Roboter nicht mehr erst zu einem expliziten Zielgebiet navigieren, sondern können ständig ihre Umwelt erforschen. Die Häufigkeit der schwarzen und weißen Fliesen ist eine globale Eigenschaft der Umwelt, während ein einzelner Roboter in beschränkter Zeit natürlich nur einen kleinen, lokalen Teil davon wahrnehmen und auszählen kann. Die Schwierigkeit der Aufgabe lässt sich darüber regulieren, ob es eine starke und damit eindeutige Mehrheit für eine Gruppe der Fliesen gibt (z. B. 66 % schwarze Fliesen in ◘ Abb. 5.18a) oder ob das Verhältnis näher am 50-50-Zustand ist (z. B. 52 % schwarze Fliesen in ◘ Abb. 5.18b).

a

einfach (66 % schwarze Fliesen)

b

schwer (52 % schwarze Fliesen)

c

Roboterexperiment mit 20 e-puck-Robotern

◘ **Abb. 5.18** Kollektive Wahrnehmung als kollektives Entscheiden: Die Roboter müssen gemeinsam feststellen, ob die schwarzen oder die weißen Fliesen in der Überzahl sind. **a** einfache Aufgabe mit 66 % schwarzen Fliesen (deutliche Überzahl) und **b** schwierige Aufgabe mit nur 52 % schwarzen Fliesen (knappe Mehrheit). (Valentini et al. 2016a)

In diesem Roboterexperiment wurden 20 sogenannte e-puck-Roboter (Mondada et al. 2009) verwendet. Die Roboter bewegen sich zufällig und messen die Zeit, in der ihr Bodensensor Fliesen ihrer aktuellen Meinung detektiert (z. B. für Meinung „schwarz" misst der Roboter, wie lange er schwarze Fliesen gesehen hat). Wie zuvor dient diese Messung dann als Qualität der Option und wird dazu genutzt, die Dauer der Werbephase zu modulieren. Valentini et al. (2016a) haben wiederum das Wählermodell und die Mehrheitsregel getestet. Zusätzlich haben sie auch eine Methode genutzt, die sie „direkter Vergleich" nennen. Dabei vergleicht der Roboter die Qualität seiner Meinung mit der eines anderen Roboters und wechselt entsprechend zur besseren Meinung. Alle drei Methoden sind effektiv, jedoch ergeben die Ergebnisse im Detail ein nicht eindeutiges Bild. Die Mehrheitsregel bewirkt wie erwartet schnelle Entscheidungen. Der direkte Vergleich funktioniert in eher kleinen Schwärmen gut, aber skaliert nicht gut auf größere Schwärme und hat Probleme mit schwierigeren Aufgaben. Man könnte sagen, dass das Wählermodell mit seiner Leistung zwischen diesen beiden Methoden liegt, die Ergebnisse jedoch nicht eindeutig sind (Valentini et al. 2016a).

Die Einzigartigkeit dieser Studie liegt darin, dass kollektives Entscheiden mit kollektiver Wahrnehmung kombiniert wird. Die Roboter müssen kollektiv die Mehrheit abschätzen, was vermutlich in ähnlicher Weise auch in unserem Gehirn passiert, wenn wir ◘ Abb. 5.18 anschauen (ohne die Quadrate explizit auszuzählen). Der Ansatz versucht offensichtlich, die Kommunikation zwischen den Robotern einfach zu halten; man könnte aber mehr Informationen teilen. So könnten Roboter z. B. Durchschnitte über die beobachteten und kommunizierten Qualitäten berechnen. Die Zufallsbewegung der Roboter könnte durch einen Zerstreuungsansatz (engl. dispersion) ersetzt werden, der jedoch noch immer eine gute Durchmischung der Roboter erlaubt. So könnten die Roboter effizienter arbeiten, indem sie eine größere Fläche abdecken und mehr repräsentative Stichproben sammeln.

5.4.3 Aggregieren als implizites Entscheiden

Wir können Aggregationsverhalten als kollektives Entscheiden interpretieren. Zumindest implizit vereinbart der Schwarm einen Ort, an dem er sich treffen möchte. Die Anzahl der möglichen Optionen ist dabei potenziell unendlich, da der Raum kontinuierlich ist. Die Entscheidungskomponente dieses Vorgangs wird klarer, sobald ein Agent zwischen einer Menge möglicher Aggregationsorte entscheiden muss. Wenn all diese Orte oder zumindest die besten davon die gleiche Qualität besitzen, dann hat der Schwarm ein Symmetriebrechungsproblem. Der Schwarm muss einen Konsens darüber finden, welchen dieser gleichberechtigten Orte er wählen möchte. Selbst wenn alle Orte verschiedene Qualitäten haben, kann der Entscheidungsprozess noch immer kollektiv gelöst werden.

Ein bekanntes Beispiel für einen Aggregationsalgorithmus für Schwärme ist der BEECLUST-Algorithmus (Schmickl und Hamann 2011; Schmickl et al. 2008; Kernbach et al. 2009; Arvin et al. 2012, 2014; Kernbach et al. 2013). Er bewirkt ein adaptives Aggregationsverhalten, d. h. nicht alle Orte im Raum haben die gleiche Qualität für eine Aggregation. Stattdessen wird angenommen, dass an jedem Ort im Raum ein relevanter Wert gemessen werden kann, der die Qualität bestimmt. Dies können z. B. Helligkeit, Temperatur oder die Konzentration einer Chemikalie sein. Ursprünglich wurde der Algorithmus durch ein Verhaltensmodell für die Aggregation junger Honigbienen inspiriert (siehe ► Abschn. 1.2.2). Eine Schlüsselidee des Algorithmus ist, dass er nur selten Messungen der Qualität benötigt. Schwarmroboter, die mit BEECLUST gesteuert werden, machen also keinen Gradientenaufstieg, d. h. sie folgen nicht einfach der Steigung des gemessenen Wertes (vergleichbar mit dem Besteigen eines Berges; so würde der Roboter „bergauf" fahren, z. B. in die Richtung der höheren Temperatur). Die Roboter bestimmen den Ort hoher Qualität durch soziale Interaktion. Wenn sich zwei Roboter begegnen, dann messen beide den lokal anliegend Qualitätswert der Umwelt

und bleiben für eine definierte Zeit lang stehen, die proportional zu diesem gemessenen Wert ist. Über positives Feedback formieren sich dann Cluster vorrangig in der Nähe von Bereichen mit hoher Qualität. Einige Beispiele für Implementierungen des BEECLUST-Algorithmus auf verschiedenen Roboterplattformen sind in ◼ Abb. 5.19 zu sehen.

Wenn wir BEECLUST als einen Ansatz für kollektives Entscheiden interpretieren, finden wir hier einige besondere Eigenschaften im Vergleich zu normalen kollektiven Entscheidungsprozessen. Statt einige klar definierte Optionen O zu haben, können die Roboter prinzipiell aus einer unendlichen Menge an Punkten im Raum auswählen. Jedoch formieren die Roboter Cluster aus aggregierten Robotern, die dann quasi diskrete Optionen erschaffen, die zumindest von einem externen Beobachter als solche erkannt werden können. Man kann also sagen, dass die Roboter Orte im „Entscheidungsraum" als Optionen markieren und dann andere Roboter versuchen, zu ihrer Meinung zu locken.

5.5 Weiterlesen

Zum kollektiven Entscheiden in Roboterschwärmen gibt es ein Buch von Valentini (2017). Besonders die Einführung ist sehr gut zu lesen, während der generelle Ansatz eher theoretisch ist. Ein kürzerer Text zum gleichen Thema ist der von Valentini et al. (2017). Fokussiert auf kollektives Entscheiden und Meinungsdynamik (engl. opinion dynamics) sind die Arbeiten von Serge Galam über Soziophysik (Galam 2004, 2008, Galam und Moscovici 1991, 1994, 1995). Einen Artikel in ähnlichem Stil haben Castellano et al. (2009) aus der Sicht der statistischen Physik geschrieben; er deckt eine weite Spanne an Modellen ab, die für das kollektive Entscheiden relevant sind.

Darüber hinaus gibt es einige spezielle, aber relevante Glanzlichter in der Literatur. Die Arbeit von Campo et al. (2011) beschreibt z. B., wie Schwärme zwischen verschiedenen Ressourcen auswählen können. Scheidler (2011) untersucht mit theoretischen Methoden, welchen Einfluss Latenzen (Wartezeiten) beim kollektiven Entscheiden haben; und ebenso ein ähnlicher Artikel von Montes de Oca et al. (2011). Den Fokus auf Tierverhalten setzen die relevanten Arbeiten von Couzin et al. (2005, 2011), Szopek et al. (2013) berichten über interessantes Entscheidungsverhalten bei Bienen und Dussutour et al. (2009) berichten den essentiellen Einfluss von Rauschen beim Entscheiden. Ein Beispiel für kollektives Entscheiden in bio-hybriden Systemen geben Halloy et al. (2007).

a

e-puck-Roboter (Ralf Mayet und Thomas Schmickl)

b

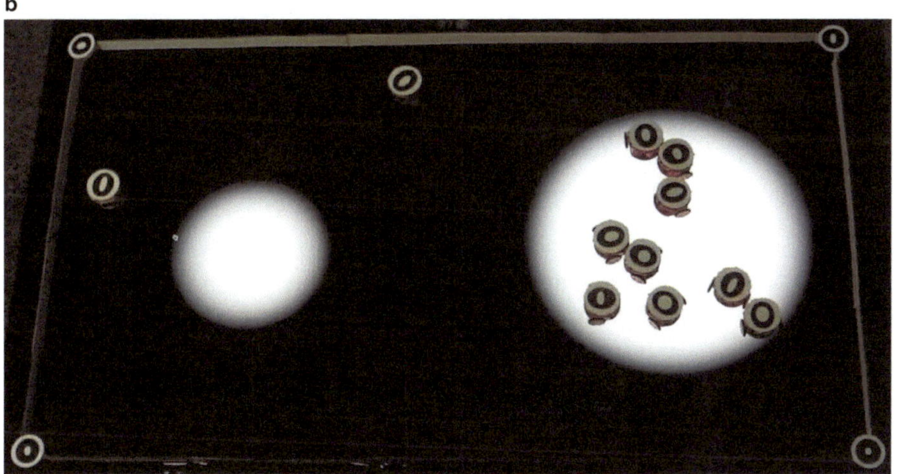

Colias Roboter auf einem 42-Zoll (107 cm) LCD-Display von Arvin et al. 2016

c

Thymio II von Wahby et al. 2016

Abb. 5.19 Implementierungen des BEECLUST-Algorithmus auf verschiedenen Roboterplattformen

Natürliche Schwärme durch künstliche Schwärme zu beeinflussen ist eine faszinierende Zukunftsoption, um z. B. Schädlinge bekämpfen zu können. Schließlich behandeln Reina et al. (2014) Ansätze der Softwaretechnik zur Programmierung von kollektiv entscheidenden Roboterschwärmen. In einem kürzlich erschienen Artikel diskutieren Hasegawa et al. (2017) die Verbindung zwischen individuellen ja/nein-Entscheidungen von Individuen und die daraus resultierenden makroskopischen Entscheidungen des Schwarms.

Aufgaben

▪ Aufgabe 5.1 – Urnenmodelle

Implementiere die drei Urnenmodelle als Computersimulation und reproduziere ◘ Abb. 5.6, 5.8 und 5.10. Probiere verschiedene Funktionen für die Wahrscheinlichkeit positiven Feedbacks P_{FB} aus. Wie ist der Effekt auf die beobachteten Trajektorien? Welcher qualitative Unterschied ist beobachtbar für z. B. Positives-Feedback-Wahrscheinlichkeiten der Form $P_{\mathrm{FB}} = |\sin(2\pi x)|$ oder ähnlich?

▪ Aufgabe 5.2 – Hegselmann und Krause mit Rauschterm

Implementiere das Modell nach Hegselmann und Krause mit Rauschterm (Gl. 5.8) und reproduziere eine Variante der ◘ Abb. 5.12 (rechts). Wie lange braucht es durchschnittlich, bis ein einziger großer Cluster entsteht? Wie lässt sich das Modell auf einen zweidimensionalen Meinungsraum erweitern und inwiefern könnte das ein Modell für Aggregation bei Schwärmen sein?

▪ Aufgabe 5.3 – Ising-Modell

Implementiere das Ising-Modell mithilfe des Metropolis-Algorithmus. Simuliere die angegebene Vorgehensweise mit einem Start bei $T = \infty$ (zur Initialisierung des Systems), gefolgt von einem Wechsel auf $T = 0$. Führe den Metropolis-Algorithmus Schritt für Schritt aus und lasse das Programm die Energie des Systems protokollieren. Beende die Simulation, wenn sich die Energie nicht mehr ändert. Plotte den protokollierten Energieverlauf als Diagramm. Was ist zu beobachten?

▪ Aufgabe 5.4 – Faserbündelmodell

Implementiere das Faserbündelmodell. Führe mehrere Simulationen durch, bei denen die wirkende Last langsam erhöht wird. Miss die beobachteten Ereignisgrößen Δ und protokolliere sie automatisch in einem Histogramm. Prüfe, ob das angegebene Potenzgesetz wirklich gilt.

▪ Aufgabe 5.5 – Sznajd-Modell

Implementiere das Sznajd-Modell. Führe mehrere Simulationen durch und miss, wie oft der Schwarm im Patt und wie oft in einem vollständigen Konsens endet. Welchen Einfluss hat die Initialisierung darauf?

■ Aufgabe 5.6 – Bass-Diffusionsmodell

Versuche das Bass-Diffusionsmodell so umzuschreiben, dass man den Wettbewerb zwischen Betamax und VHS simulieren kann. Dazu benötigen wir also zwei Gleichungen für $S_{\text{Betamax}}(t)$ und $S_{\text{VHS}}(t)$, die auf eine bestimmte Weise miteinander gekoppelt sein sollten. Die bereits erfolgten Verkäufe des einen Produkts sollten negativen Einfluss auf die zukünftigen Verkäufe des anderen Produkts haben. Welche Parameter beeinflussen, wer letztendlich gewinnt?

■ Aufgabe 5.7 – Urnenmodell für das Heuschreckenszenario

Wir nutzen nochmals die Heuschreckensimulation. Dazu können wir unseren Code aus der Aufgabe 4.1 wiederverwenden. Nun arbeiten wir mit den folgenden Parameterwerten: Kreisumfang $C = 0{,}5$; Geschwindigkeit $0{,}01$; Wahrnehmungsradius $r = 0{,}045$; Schwarmgröße $N = 50$; spontane Richtungsänderung mit Wahrscheinlichkeit $P = 0{,}15$ pro Zeitschritt.

In der Simulation möchten wir noch immer die Linksgeher L_t in Zeitschritt t bestimmen und zählen. Wir interessieren uns für die durchschnittliche Veränderung von L_t in Abhängigkeit von sich selbst. Wir suchen also eine Funktion $\Delta L(L)$. Um diese Funktion messen zu können, simulieren wir die Heuschrecken zunächst für 100 Zeitschritte. Diese 100 Zeitschritte benötigen die Heuschrecken zu Beginn, um sich selbst zu organisieren. Dann simulieren wir weitere 20 Zeitschritte, während wir die Werte von L_t aufzeichnen. Zu jedem Zeitschritt $t \in [101, 120]$ speichern wir die Veränderung $\Delta L = L_t - L_{t-1}$ von L innerhalb eines Zeitschrittes, indem wir den Wert z. B. in einen Array schreiben. Es ist ein Array, weil wir ΔL in Abhängigkeit von L selbst messen möchten. Daher können wir uns in unserem Programm eine Variable *deltaSum*[] definieren und für jeden Zeitschritt $t \in [101, 120]$ folgendes berechnen: $\mathit{deltaSum}[L_{t-1}] = \mathit{deltaSum}[L_{t-1}] + (L_t - L_{t-1})$. Zusätzlich zählen wir, wie oft wir etwas zu einem Eintrag des Arrays addiert haben (z. B. eine Variable *count*[]), um abschließend die Messungen normieren zu können. Wiederhole diese Simulationsläufe oft – bis zu 50.000 Wiederholungen könnten sinnvoll sein. Abschließen schreiben wir die Daten der gemessenen Funktion $\Delta L(L)$ in eine Datei zur späteren Verwendung.

a) Plotte die Daten für $\Delta L(L)$. Was ist die mathematische sowie die Domänen-spezifische Bedeutung der Stelle L^* mit $\Delta L(L^*) = 0$?
b) Als nächstes wollen wir das Schwarmurnenmodell zu diesen Daten fitten. Wir haben diese Gleichungen kennengelernt:

$$P_{\text{FB}}(s, \varphi) = \varphi \sin(\pi s),$$
$$\Delta s(s) = 4\left(P_{\text{FB}}(s, \varphi) - \frac{1}{2}\right)\left(s - \frac{1}{2}\right),$$

wobei P_{FB} die Wahrscheinlichkeit für das positive Feedback ist und $\Delta s(s)$ die erwartete durchschnittliche Veränderung der betrachteten Zustandsvariablen. Im Moment sind das die Linksgeher, und daher ist s der Anteil der Linksgeher im Schwarm $s = L/N$. Außerdem müssen wir eine Skalierungskonstante c für diese idealisierte Gleichung einführen; somit ergibt sich:

$$\Delta s(s) = 4c\left(P_{\mathrm{FB}}(s,\varphi) - \frac{1}{2}\right)\left(s - \frac{1}{2}\right). \tag{5.22}$$

Wir fitten diese Funktion auf unsere Daten, indem wir geeignete Werte für die Skalierungskonstante c und die Feedbackintensität φ finden (dazu gibt es Tools, die das automatisch machen). Dabei sollten wir passend normalisieren und auch φ sollte auf dem definierten Intervall $\varphi \in [0, 1]$ bleiben.

c) Plotte die Daten nun zusammen mit der gefitteten Funktion. Plotte auch die sich ergebende Wahrscheinlichkeit für positives Feedback P_{FB}. Wie können wir diese Ergebnisse interpretieren?

▪ Aufgabe 5.8 – Aggregation an spezifischer Stelle

Wir beginnen mit der Lösung von Aufgabe 3.1 *Aggregation in Robotersimulation.* Dazu hatten wir ein Schwarmverhalten implementiert, das den Schwarm an einem unspezifizierten Ort aggregieren lässt. Nun möchten wir den Schwarm an einer spezifischen Stelle aggregieren lassen, nämlich im hellsten Bereich der Roboterarena.

Definiere dazu eine beliebige nicht-homogene Lichtverteilung im Raum. Wir statten unsere Roboter mit Lichtsensoren aus. Jetzt sollte die Zeit, für die die Roboter stehen bleiben, auch durch eine Messung des lokalen Helligkeitswertes beeinflusst werden. Wie kann man das sinnvoll machen? Implementiere das in die Simulation und beobachte, ob der Schwarm tatsächlich an der hellsten Stelle aggregiert. Gegebenenfalls zahlt es sich aus, die Skalierung der Wartezeit anhand der Messung zu optimieren.

Serviceteil

H. Hamann, *Schwarmintelligenz*,
https://doi.org/10.1007/978-3-662-58961-8

Literatur

Alexander, J.C., B. Giesen, R. Münch, und N.J. Smelser, Hrsg. 1987. *The micro-macro link*. Berkeley: University of California Press.

Allwright, M., N. Bhalla, H. El-faham, A. Antoun, C. Pinciroli, und M. Dorigo. 2014. SRoCS: Leveraging stigmergy on a multi-robot construction platform for unknown environments. In *International Conference on Swarm Intelligence*, 158–169. Cham: Springer.

Allwright, M., N. Bhalla, und M. Dorigo. 2017. Structure and markings as stimuli for autonomous construction. In *18th International Conference on Advanced Robotics (ICAR)*, 296–302. IEEE.

Anderson, C., und F.L.W. Ratnieks. 1999. Task partitioning in foraging: General principles, efficiency and information reliability of queueing delays. In *Information processing in social insects*, Hrsg. C. Detrain, J.-L. Deneubourg, und J.M. Pasteels, 31–50. Basel: Birkhäuser.

Arkin, R.C. 1998. *Behavior-based robotics*. Cambridge: MIT Press.

Arthur, W.B. 1989. Competing technologies, increasing returns, and lock-in by historical events. *The Economic Journal* 99 (394): 116–131.

Arvin, F., A.E. Turgut, und S. Yue. 2012. Fuzzy-based aggregation with a mobile robot swarm. In *Swarm intelligence (ANTS'12)*. Lecture Notes in Computer Science, Bd., 7461, 6–347, Springer, Berlin. ► https://doi.org/10.1007/978-3-642-32650-9_39.

Arvin, F., A.E. Turgut, F. Bazyari, K.B. Arikan, N. Bellotto, und S. Yue. 2014. Cue-based aggregation with a mobile robot swarm: A novel fuzzy-based method. *Adaptive Behavior* 22 (3): 189–206.

Arvin, F., A.E. Turgut, T. Krajní, und S. Yue. 2016. Investigation of cue-based aggregation in static and dynamic environments with a mobile robot swarm. *Adaptive Behavior* 24 (2): 102–118. ► https://doi.org/10.1177/1059712316632851.

Augugliaro, F., S. Lupashin, M. Hamer, C. Male, M. Hehn, M.W. Mueller, J.S. Willmann, F. Gramazio, M. Kohler, und R. D'Andrea. 2014. The flight assembled architecture installation: Cooperative construction with flying machines. *IEEE Control Systems* 34 (4): 46–64.

Axelrod, R. 1997. The dissemination of culture: A model with local convergence and global polarization. *Journal of Conflict Resolution* 41 (2): 203–226.

Ballerini, M., N. Cabibbo, R. Candelier, A. Cavagna, E. Cisbani, I. Giardina, V. Lecomte, A. Orlandi, G. Parisi, A. Procaccini, M. Viale, und V. Zdravkovic. 2008. Interaction ruling animal collective behavior depends on topological rather than metric distance: Evidence from a field study. *Proceedings of the National Academy of Sciences* 105 (4): 1232–1237.

Barrow-Green, J. 1997. *Poincaré and the three body problem*. London: American Mathematical Society.

Bass, F.M. 1969. A new product growth for model consumer durables. *Management Science* 15 (5): 215–27.

Bayindir, L. 2015. A review of swarm robotics tasks. *Neurocomputing* 172 (C): 292–321. ► https://doi.org/10.1016/j.neucom.2015.05.116.

Bazazi, S., J. Buhl, J.J. Hale, M.L. Anstey, G.A. Sword, S.J. Simpson, und I.D. Couzin. 2008. Collective motion and cannibalism in locust migratory bands. *Current Biology* 18 (10): 735–739.

Beckers, R., O.E. Holland, und J.-L. Deneubourg. 1994. From local actions to global tasks: Stigmergy and collective robotics. *Artificial life IV* 189–197.

Belykh, I., R. Jeter, und V. Belykh. 2017. Foot force models of crowd dynamics on a wobbly bridge. *Science Advances* 3(11). ► https://doi.org/10.1126/sciadv.1701512.

Beni, G. 2005. From swarm intelligence to swarm robotics. In E. Şahin und W.M. Spears, Hrsg. *Swarm Robotics – SAB 2004 International Workshop*. Lecture Notes in Computer Science, Bd. 3342 , 1–9. Springer: Santa Monica. ► https://doi.org/10.1007/978-3-540-30552-1_1.

Berg, B.A., und A. Billoire. 2007. Markov chain Monte Carlo simulations. In *Wiley encyclopedia of computer science and engineering*, Hrsg. B.W. Wah. Hoboken: Wiley. ► https://doi.org/10.1002/9780470050118.ecse696.

Berman, S., V. Kumar, und R. Nagpal. 2011a. Design of control policies for spatially inhomogeneous robot swarms with application to commercial pollination. In *IEEE International Conference on Robotics and Automation (ICRA'11)*, Hrsg. S. LaValle, H. Arai, O. Brock, H. Ding, C. Laugier, A. M.

Okamura, S.S. Reveliotis, G.S. Sukhatme, und Y. Yagi, 378–385. Los Alamitos: IEEE Press.

Berman, S., Q. Lindsey, M.S. Sakar, V. Kumar, und S.C. Pratt. 2011b. Experimental study and modeling of group retrieval in ants as an approach to collective transport in swarm robotic systems. *Proceedings of the IEEE* 99 (9): 1470–1481. ► https://doi.org/10.1109/JPROC.2011.2111450.

Beshers, S.N., und J.H. Fewell. 2001. Models of division of labor in social insects. *Annual Review of Entomology* 46 (1): 413–440.

Bjerknes, J.D., A. Winfield, und C. Melhuish. 2007. An analysis of emergent taxis in a wireless connected swarm of mobile robots. In *IEEE Swarm Intelligence Symposium*, Hrsg. Y. Shi und M. Dorigo, 45–52. Los Alamitos: IEEE Press.

Bogacz, R., E. Brown, J. Moehlis, P. Holmes, und J.D. Cohen. 2006. The physics of optimal decision making: A formal analysis of models of performance in two-alternative forced-choice tasks. *Psychological Review* 113 (4): 700.

Bonabeau, E. Hrsg. 1999. Special issue on Stigmergy. *Artificial Life Journal* 5 (2): 95–96.

Bonabeau, E., G. Theraulaz, und J.-L. Deneubourg. 1996. Quantitative study of the fixed threshold model for the regulation of division of labour in insect societies. *Proceedings of the Royal Society of London B: Biological Sciences* 263 (1376): 1565–1569. ► https://doi.org/10.1098/rspb.1996.0229. ► http://rspb.royalsocietypublishing.org/content/263/1376/1565.

Bonabeau, E., M. Dorigo, und G. Theraulaz. 1999. *Swarm intelligence: From natural to artificial systems*. New York: Oxford University Press.

Bongard, J.C. 2013. Evolutionary robotics. *Communications of the ACM* 56 (8): 74–83. ► https://doi.org/10.1145/2493883.

Bourke, A.F.G. 1999. Colony size, social complexity and reproductive conflict in social insects. *Journal of Evolutionary Biology* 12 (2): 245–257.

Brambilla, M., E. Ferrante, M. Birattari, und M. Dorigo. 2013. Swarm robotics: A review from the swarm engineering perspective. *Swarm Intelligence* 7 (1): 1–41. ► https://doi.org/10.1007/s11721-012-0075-2.

Brooks, R. 1986. A robust layered control system for a mobile robot. *IEEE Journal of Robotics and Automation* 2 (1): 14–23.

Brooks, R.A. 1991. Intelligence without representation. *Artificial Intelligence* 47 (1): 139–159.

Brown, J.L. 1982. Optimal group size in territorial animals. *Journal of Theoretical Biology* 95 (4): 793–810. ► https://doi.org/10.1016/0022-5193(82)90354-X.

Brown, R. 1828. A brief account of microscopical observations made in the months of June, July and August, 1827, on the particles contained in the pollen of plants; and on the general existence of active molecules in organic and inorganic bodies. *Philosophical Magazine* 4:161–173.

Brutschy, A., G. Pini, C. Pinciroli, M. Birattari, und M. Dorigo. 2014. Self-organized task allocation to sequentially interdependent tasks in swarm robotics. *Autonomous Agents and Multi-Agent Systems* 28 (1): 101–125. ► https://doi.org/10.1007/s10458-012-9212-y.

Buhl, J., D.J.T. Sumpter, I.D. Couzin, J.J. Hale, E. Despland, E.R. Miller, und S.J. Simpson. 2006. From disorder to order in marching locusts. *Science* 312 (5778): 1402–1406. ► https://doi.org/10.1126/science.1125142.

Camazine, S., J.-L. Deneubourg, N.R. Franks, J. Sneyd, G. Theraulaz, und E. Bonabeau. 2001. *Self-organizing biological systems*. Princeton: Princeton University Press.

Campo, A., S. Garnier, O. Dédriche, M. Zekkri, und M. Dorigo. 2011. Self-organized discrimination of resources. *PLoS One* 6 (5): e19888.

Castellano, C., S. Fortunato, und V. Loreto. 2009. Statistical physics of social dynamics. *Reviews of Modern Physics*. 81 (May): 591–646. ► https://doi.org/10.1103/RevModPhys.81.591.

Chen, J., M. Gauci, M.J. Price, und R. Groß. 2012. Segregation in swarms of e-puck robots based on the Brazil nut effect. In *Proceedings of the 11th International Conference on Autonomous Agents and Multiagent Systems (AAMAS 2012)*, 163–170. Richland: IFAAMAS.

Chen, J., M., Gauci, W. Li, A. Kolling, und R. Groß. 2015. Occlusion-based cooperative transport with a swarm of miniature mobile robots. *IEEE Transactions on Robotics* 31 (2 & April): 307–321. ► https://doi.org/10.1109/TRO.2015.2400731.

Correll, N., und H. Hamann. 2015. Probabilistic modeling of swarming systems. In *Springer handbook of computational intelligence*, Hrsg. J. Kacprzyk und W. Pedrycz, 1423–1431. Berlin: Springer.

Couzin, I.D., J. Krause, N.R. Franks, und S.A. Levin. 2005. Effective leadership and decision-making in animal groups on the move. *Nature* 433 (February): 513–516.

Couzin, I.D., C.C. Ioannou, G. Demirel, T. Gross, C.J. Torney, A. Hartnett, L. Conradt, S.A. Levin, und N.E. Leonard. 2011. Uninformed individuals promote democratic consensus in animal groups. *Science* 334 (6062): 1578–1580. ▶ https://doi.org/10.1126/science.1210280.

Cully, A., J. Clune, D. Tarapore, und J.-B. Mouret. 2014. Robots that can adapt like animals. *Nature* 521:503–507. ▶ https://doi.org/10.1038/nature14422.

Das, A., S. Gollapudi, und K. Munagala. 2014. Modeling opinion dynamics in social networks. In *Proceedings of the 7th ACM international conference on Web search and data mining*, 403–412. ACM.

de Vries, H., und J.C. Biesmeijer. 2002. Self-organization in collective honeybee foraging: Emergence of symmetry breaking, cross inhibition and equal harvest-rate distribution. *Behavioral Ecology and Sociobiology* 51 (6 & May): 557–569. ▶ https://doi.org/10.1007/s00265-002-0454-6.

de Oca, M.Montes, E. Ferrante, A. Scheidler, C. Pinciroli, M. Birattari, und M. Dorigo. 2011. Majority-rule opinion dynamics with differential latency: A mechanism for self-organized collective decision-making. *Swarm Intelligence* 5:305–327. ▶ https://doi.org/10.1007/s11721-011-0062-z.

De, A., S. Bhattacharya, P. Bhattacharya, N. Ganguly, und S. Chakrabarti. 2014. Learning a linear influence model from transient opinion dynamics. In *Proceedings of the 23rd ACM International Conference on Conference on Information and Knowledge Management*, 401–410. ACM.

Dorigo, M., und L.M. Gambardella. 1997. Ant colonies for the travelling salesman problem. *Biosystems* 43 (2): 73–81.

Dorigo, M., und T. Stützle. 2004. *Ant colony optimization*. Cambridge: MIT Press.

Dorigo, M., V. Maniezzo, und A. Colorni. 1996. Ant system: Optimization by a colony of cooperating agents. *IEEE Transactions on Systems, Man, and Cybernetics, Part B (Cybernetics)* 26 (1): 29–41.

Dorigo, M., G.D. Caro, und L.M. Gambardella. 1999. Ant algorithms for discrete optimization. *Artificial Life* 5 (2): 137–172.

Dorigo, M., E. Bonabeau, und G. Theraulaz. 2000. Ant algorithms and stigmergy. *Future Generation Computer Systems* 16 (9 & June): 851–871.

Dorigo, M., D. Floreano, L.M. Gambardella, F. Mondada, S. Nolfi, T. Baaboura, M. Birattari, M. Bonani, M. Brambilla, A. Brutschy, D. Burnier, A. Campo, A.L. Christensen, A. Decugnière, G. Di Caro, F. Ducatelle, E. Ferrante, A. Förster, J. Guzzi, V. Longchamp, S. Magnenat, J. Martinez Gonzales, N. Mathews, M. Montes de Oca, R. O'Grady, C. Pinciroli, G. Pini, P. Rétornaz, J. Roberts, V. Sperati, T. Stirling, A. Stranieri, T. Stützle, V. Trianni, E. Tuci, A.E. Turgut, und F. Vaussard. 2013. Swarmanoid: A novel concept for the study of heterogeneous robotic swarms. *IEEE Robotics & Automation Magazine* 20 (4): 60–71.

Duarte, M., V. Costa, J. Gomes, T. Rodrigues, F. Silva, S.M. Oliveira, und A.L. Christensen. 2016. Unleashing the potential of evolutionary swarm robotics in the real world. In *Proceedings of the 2016 on Genetic and Evolutionary Computation Conference Companion*, GECCO '16 Companion, 159–160. ACM: New York. ▶ https://doi.org/10.1145/2908961.2930951.

Dussutour, A., V. Fourcassié, D. Helbing, und J.-L. Deneubourg. 2004. Optimal traffic organization in ants under crowded conditions. *Nature* 428 (March): 70–73.

Dussutour, A., M. Beekman, S.C. Nicolis, und B. Meyer. 2009. Noise improves collective decision-making by ants in dynamic environments. *Proceedings of the Royal Society London B* 276 (December): 4353–4361.

Ehrenfest, P., und T. Ehrenfest. 1907. Über zwei bekannte Einwände gegen das Boltzmannsche H-Theorem. *Physikalische Zeitschrift* 8:311–314.

Eigen, M., und R. Winkler. 1993. *Laws of the game: How the principles of nature govern chance*. Princeton: Princeton University Press.

Einstein, A. 1905. Über die von der molekularkinetischen Theorie der Wärme geforderte Bewegung von in ruhenden Flüssigkeiten suspendierten Teilchen. *Annalen der Physik* 17:549–560.

Ferber, J. 1999. *Multi-agent systems: An introduction to distributed artificial intelligence*. New York: Addison Wesley Longman.

Ferrante, E., A.E. Turgut, E. Duéñez-Guzmàn, M. Dorigo, und T. Wenseleers. 2015. Evolution of self-organized task specialization in robot swarms. *PLoS Computational Biology* 11 (8): e1004273. ▶ https://doi.org/10.1371/journal.pcbi.1004273.

Fladerer, A., und R. Strey. 2006. Homogeneous nucleation and droplet growth in supersaturated argon vapor: The cryogenic nucleation pulse chamber. *The Journal of Chemical Physics* 124 (16): 164710.

Floreano, D., und C. Mattiussi. 2008. *Bio-inspired artificial intelligence: Theories, methods, and technologies*. Cambridge: MIT Press.

Fokker, A.D. 1914. Die mittlere Energie rotierender elektrischer Dipole im Strahlungsfeld. *Annalen der Physik* 348 (5): 810–820.

Franks, N.R., und J.-L. Deneubourg. 1997. Self-organizing nest construction in ants: Individual worker behaviour and the nest's dynamics. *Animal Behaviour* 54 (4): 779–796.

Franks, N.R., und A.B. Sendova-Franks. 1992a. Brood sorting by ants: Distributing the workload over the work-surface. *Behavioral Ecology and Sociobiology* 30 (2): 109–123.

Franks, N.R., A. Wilby, B. W. Silverman, und C. Tofts. 1992b. Self-organizing nest construction in ants: Sophisticated building by blind bulldozing. *Animal behaviour* 44:357–375.

Franks, N.R., A. Dornhaus, J.P. Fitzsimmons, und M. Stevens. 2003. Speed versus accuracy in collective decision making. *Proceedings of the Royal Society of London, Series B: Biological Sciences* 270:2457–2463.

von Frisch, K. 1965. *Tanzsprache und Orientierung der Bienen*. Berlin: Springer.

von Frisch, K. 1974. *Animal architecture*. London: Harcourt.

Galam, S. 1997. Rational group decision making: A random field Ising model at T = 0. *Physica A* 238 (1–4): 66–80.

Galam, S. 2004. Contrarian deterministic effect on opinion dynamics: The "Hung elections scenario". *Physica A* 333 (1 & February): 453–460. ▶ https://doi.org/10.1016/j.physa.2003.10.041.

Galam, S. 2008. Sociophysics: A review of Galam models. *International Journal of Modern Physics C* 19 (3): 409–440.

Galam, S., und S. Moscovici. 1991. Towards a theory of collective phenomena: Consensus and attitude changes in groups. *European Journal of Social Psychology* 21 (1): 49–74. ▶ https://doi.org/10.1002/ejsp.2420210105.

Galam, S., und S. Moscovici. 1994. Towards a theory of collective phenomena. II: Conformity and power. *European Journal of Social Psychology* 24 (4): 481–495.

Galam, S., und S. Moscovici. 1995. Towards a theory of collective phenomena. III: Conflicts and forms of power. *European Journal of Social Psychology* 25 (2): 217–229.

Galton, F. 1907. Vox populi (the wisdom of crowds). *Nature* 75 (1949): 450–451.

Garnier, S., J. Gautrais, und G. Theraulaz. 2007. The biological principles of swarm intelligence. *Swarm Intelligence* 1:3–31. ▶ https://doi.org/10.1007/s11721-007-0004-y.

Gauci, M., J. Chen, W. Li, T.J. Dodd, und R. Gross. 2014. Clustering objects with robots that do not compute. In *Proceedings of the 2014 international conference on Autonomous agents and multi-agent systems*, 421–428. IFAAMAS.

Gautrais, J., G. Theraulaz, J.-L. Deneubourg, und C. Anderson. 2002. Emergent polyethism as a consequence of increased colony size in insect societies. *Journal of Theoretical Biology* 215 (3): 363–373.

Gomes, J., P. Mariano, und A.L. Christensen. 2015. Cooperative coevolution of partially heterogeneous multiagent systems. In *Proceedings of the 2015 International Conference on Autonomous Agents and Multiagent Systems*, 297–305. IFAAMAS.

Graham, R., D. Knuth, und O. Patashnik. 1998. *Concrete mathematics: A foundation for computer science*. Reading: Addison Wesley Longman.

Grassé, La, P.-P. 1959. La reconstruction du nid et les coordinations interindividuelles chez bellicositermes natalensis et cubitermes sp. la théorie de la stigmergie: essai d'interprétation du comportement des termites constructeurs. *Insectes Sociaux* 6:41–83.

Grimmett, G. 1999. *Percolation*. Grundlehren der mathematischen Wissenschaften, Bd. 321. Berlin: Springer.

Groß, R., Y. Gu, W. Li, und M. Gauci. 2017. Generalizing GANs: A Turing perspective. In *Advances in Neural Information Processing Systems (NIPS)*, 6319–6329.

Gunther, N.J. 1993. A simple capacity model of massively parallel transaction systems. In *CMG National Conference*, 1035–1044.

Gunther, N.J., P. Puglia, und K. Tomasette. 2015. Hadoop super-linear scalability: The perpetual motion of parallel performance. *ACM Queue* 13 (5): 46–55.

Haken, H. 1977. *Synergetics – An introduction*. Berlin: Springer.

Haken, H. 2004. *Synergetics: Introduction and advanced topics*. Berlin: Springer.

Halloy, J., G. Sempo, G. Caprari, C. Rivault, M. Asadpour, F. Tâche, I. Saïd, V. Durier, S. Canonge, J.M. Amé, C. Detrain, N. Correll, A. Martinoli, F. Mondada, R. Siegwart, und J.-L. Deneubourg. 2007. Social integration of robots into groups of cockroaches to control self-organized choices. *Science* 318 (5853 & November): 1155–1158. ▶ https://doi.org/10.1126/science.1144259.

Hamann, H. 2006. Modeling and investigation of robot swarms. Master's thesis, University of Stuttgart, Germany.

Hamann, H. 2010. *Space-time continuous models of swarm robotics systems: Supporting global-to-local programming*. Berlin: Springer.

Hamann, H. 2013. Towards swarm calculus: Urn models of collective decisions and universal properties of swarm performance. *Swarm Intelligence* 7 (2–3): 145–172. ► https://doi.org/10.1007/s11721-013-0080-0.

Hamann, H. 2014. Evolution of collective behaviors by minimizing surprise. In H. Sayama, J. Rieffel, S. Risi, R. Doursat, und H. Lipson, Hrsg, *14th International Conference on the Synthesis and Simulation of Living Systems (ALIFE 2014)*, 344–351. MIT Press. ► https://doi.org/10.7551/978-0-262-32621-6-ch055.

Hamann, H. 2018a. Superlinear scalability in parallel computing and multi-robot systems: Shared resources, collaboration, and network topology. In M. Berekovic, R. Buchty, H. Hamann, D. Koch, und T. Pionteck, Hrsg, *Architecture of Computing Systems – ARCS 2018*, 31–42, Springer International Publishing.

Hamann, H. 2018b. *Swarm robotics: A formal approach*. Cham: Springer.

Hamann, H., B. Meyer, T. Schmickl, und K. Crailsheim. 2010. A model of symmetry breaking in collective decision-making. In *From Animals to Animats 11*. Lecture Notes in Artificial Intelligence, Bd. 6226. Hrsg. S. Doncieux, B. Girard, A. Guillot, J. Hallam, J.-A. Meyer, und J.-B. Mouret, 639–648. Berlin: Springer. ► https://doi.org/10.1007/978-3-642-15193-4_60.

Hamann, H., T. Schmickl, H. Wörn, und K. Crailsheim. 2012. Analysis of emergent symmetry breaking in collective decision making. *Neural Computing & Applications*, 21 (2 & March): 207–218. ► https://doi.org/10.1007/s00521-010-0368-6.

Hamann, H., I. Karsai, und T. Schmickl. 2013. Time delay implies cost on task switching: A model to investigate the efficiency of task partitioning. *Bulletin of Mathematical Biology* 75 (7): 1181–1206. ► https://doi.org/10.1007/s11538-013-9851-4.

Hansell, M.H. 1984. *Animal architecture and building behaviour*. London: Longman.

Harvey, I., E.A.D. Paolo, R. Wood, M. Quinn, und E. Tuci. 2005. Evolutionary robotics: A new scientific tool for studying cognition. *Artificial Life* 11 (1–2): 79–98.

Hasegawa, E., N. Mizumoto, K. Kobayashi, S. Dobata, J. Yoshimura, S. Watanabe, Y. Murakami, und K. Matsuura. 2017. Nature of collective decision-making by simple yes/no decision units. *Scientific Reports* 7 (1): 14436. ► https://doi.org/10.1038/s41598-017-14626-z.

Hegselmann, R., und U. Krause. 2002. Opinion dynamics and bounded confidence models, analysis, and simulation. *Journal of Artifical Societies and Social Simulation* 5 (3): 1–24.

Helbing, D., und P. Molnar. 1997. Self-organization phenomena in pedestrian crowds. In *Self-organization of complex structures, from individual to collective dynamics*, Hrsg. F. Schweitzer, 569–577. London: Gordon and Breach.

Helbing, D., I.J. Farkas, P. Molnar, und T. Vicsek. 2002. Simulation of pedestrian crowds in normal and evacuation situations. *Pedestrian and evacuation dynamics* 21 (2): 21–58.

Helbing, D., L. Buzna, A. Johansson, und T. Werner. 2005. Self-organized pedestrian crowd dynamics: Experiments, simulations, and design solutions. *Transportation science* 39 (1): 1–24.

Helbing, D., J. Keltsch, und P. Molnár. 1997a. Modelling the evolution of human trail systems. *Nature* 388 (July): 47–50.

Helbing, D., F. Schweitzer, J. Keltsch, und P. Molnár. 1997b. Active walker model for the formation of human and animal trail systems. *Physical Review E* 56 (3): 2527–2539.

Holbrook, C.T., P.M. Barden, und J.H. Fewell. 2011. Division of labor increases with colony size in the harvester ant pogonomyrmex californicus. *Behavioral Ecology* 22 (5): 960–966. ► https://doi.org/10.1093/beheco/arr075.

Holland, J.H. 1975. *Adaptation in natural and artificial systems*. Ann Arbor: Univ. Michigan Press.

Hölldobler, B., und E.O. Wilson., 2008. *The superorganism: The beauty, elegance, and strangeness of insect societies*. New York: Norton.

Ijspeert, A.J., A. Martinoli, A. Billard, und L.M. Gambardella. 2001. Collaboration through the exploitation of local interactions in autonomous collective robotics: The stick pulling experiment. *Autonomous Robots* 11:149–171. ► https://doi.org/10.1023/A:1011227210047.

Ingham, A.G., G. Levinger, J. Graves, und V. Peckham. 1974. The ringelmann effect: Studies of group size and group performance. *Journal of Experimental Social Psychology* 10 (4): 371–384. ► https://doi.org/10.1016/0022-1031(74)90033-X.

Inward, D., G. Beccaloni, und P. Eggleton. 2007. Death of an order: A comprehensive molecular phylogenetic study confirms that termites are eusocial cockroaches. *Biology Letters* 3 (3): 331–335.

Janis, I.L. 1972. *Victims of groupthink: A psychological study of foreign-policy decisions and fiascoes*. Boston: Houghton Mifflin.

Jeanne, R.L., und E.V. Nordheim. 1996. Productivity in a social wasp: Per capita output increases with swarm size. *Behavioral Ecology* 7 (1): 43–48.

Kac, M. 1947. Random walk and the theory of Brownian motion. *The American Mathematical Monthly* 54: 369.

Kalyanakrishnan, S., und P. Stone. 2007. Batch reinforcement learning in a complex domain. In *The Sixth International Joint Conference on Autonomous Agents and Multiagent Systems*, 650–657. New York: ACM. (May).

Kappeler, P. 2006. *Verhaltensbiologie*. Berlin: Springer.

Karsai, I., und T. Schmickl. 2011. Regulation of task partitioning by a "common stomach": A model of nest construction in social wasps. *Behavioral Ecology* 22 (4): 819–830.

Karsai, I., und J.W. Wenzel. 1998. Productivity, individual-level and colony-level flexibility, and organization of work as consequences of colony size. *Proceedings of the National Academy of Sciences* 95:8665–8669.

Kennedy, J., und R.C. Eberhart. 1995. Particle swarm optimization. In *IEEE International Conference on Neural Networks*. Los Alamitos: IEEE Press.

Kennedy, J., und R.C. Eberhart. 2001. *Swarm intelligence*. San Francisco: Morgan Kaufmann.

Kernbach, S., R. Thenius, O. Kernbach, und T. Schmickl. 2009. Re-embodiment of honeybee aggregation behavior in an artificial micro-robotic swarm. *Adaptive Behavior* 17:237–259.

Kernbach, S., D.Häbe, O. Kernbach, R. Thenius, G. Radspieler, T. Kimura, und T. Schmickl. 2013. Adaptive collective decision-making in limited robot swarms without communication. *The International Journal of Robotics Research* 32 (1): 35–55.

Kessler, M.A., und B.T. Werner. 2003. Self-organization of sorted patterned ground. *Science* 299:380–383.

Khaluf, Y., M. Birattari, und F. Rammig. 2013. Probabilistic analysis of long-term swarm performance under spatial interferences. In *Proc of Theory and Practice of Natural Computing*, Hrsg. A.-H. Dediu, C. Martín-Vide, B. Truthe, und M.A. Vega-Rodríguez, 121–132. Berlin: Springer. ► https://doi.org/10.1007/978-3-642-45008-2_10.

König, L., S. Mostaghim, und H. Schmeck. 2009. Decentralized evolution of robotic behavior using finite state machines. *International Journal of Intelligent Computing and Cybernetics* 2 (4): 695–723.

Krause, J., und G.D. Ruxton. 2002. *Living in Groups*. New York: Oxford University Press.

Krause, J., G.D. Ruxton, und S. Krause. 2010. Swarm intelligence in animals and humans. *Trends in ecology & evolution* 25 (1): 28–34.

Krause, S., R. James, J.J. Faria, G.D. Ruxton, und J. Krause. 2011. Swarm intelligence in humans: Diversity can trump ability. *Animal Behaviour* 81 (5): 941–948.

Kube, C.R., und E. Bonabeau. 2000. Cooperative transport by ants and robots. *Robotics and Autonomous Systems* 30:85–101.

Langevin, P. 1908. Sur la théorie du mouvement brownien. *Comptes-rendus de l'Académie des Sciences* 146:530–532.

Lee Jr., R.E. 1980. Aggregation of lady beetles on the shores of lakes (coleoptera: Coccinellidae). *American Midland Naturalist* 104 (2): 295–304.

Lein, A., und R.T. Vaughan. 2008. Adaptive multi-robot bucket brigade foraging. *Artificial Life* 11:337.

Lerman, K., und A. Galstyan. 2002. Mathematical model of foraging in a group of robots: Effect of interference. *Autonomous Robots* 13:127–141.

Lerman, K., A. Martinoli, und A. Galstyan. 2005. A review of probabilistic macroscopic models for swarm robotic systems. In *Swarm Robotics – SAB 2004 International Workshop*. Lecture Notes in Computer Science, Bd. 3342, Hrsg. E. Şahin und W.M. Spears, 143–152. Berlin: Springer.

Li, W., M. Gauci, und R. Groß. 2016. Turing learning: a metric-free approach to inferring behavior and its application to swarms. *Swarm Intelligence* 10 (3 & Sep): 211–243. ► https://doi.org/10.1007/s11721-016-0126-1.

Ludwig, L., und M. Gini. 2006. Robotic swarm dispersion using wireless intensity signals. In *Distributed Autonomous Robotic Systems 7*, Hrsg. L. Ludwig und M. Gini, 135–144. Tokyo: Springer.

Mahmoud, H. 2008. *Pólya urn models*. Boca Raton: Chapman & Hall/CRC.

Manning, A., und M.S. Dawkins. 1998. *An introduction to animal behaviour*. Cambridge: Cambridge University Press.

Markham, A. C., L.R. Gesquiere, S.C. Alberts, und J. Altmann. 2015. Optimal group size in a highly social mammal. *Proceedings of the National Academy of Sciences* 112 (48): 14882–14887. ► https://doi.org/10.1073/pnas.1517794112.

Martinoli, A. 1999. Swarm intelligence in autonomous collective robotics: From tools to the analysis and synthesis of distributed control strategies. PhD thesis, Ecole Polytechnique Fédérale de Lausanne.

Martinoli, A., K. Easton, und W. Agassounon. 2004. Modeling swarm robotic systems: A case study in collaborative distributed manipulation. *International Journal of Robotics Research* 23 (4): 415–436.

Mäs, M., A. Flache, und D. Helbing. 2010. Individualization as driving force of clustering phenomena in humans. *PLoS Computational Biology* 6 (10): e1000959.

McCreery, H.F., und M.D. Breed. 2014. Cooperative transport in ants: A review of proximate mechanisms. *Insectes Sociaux* 61 (2): 99–110.

McLurkin, J., und J. Smith. 2004. Distributed algorithms for dispersion in indoor environments using a swarm of autonomous mobile robots. In *Distributed Autonomous Robotic Systems Conference*.

Meinhardt, H. 2003. *The algorithmic beauty of sea shells*. Berlin: Springer.

Meinhardt, H., und M. Klingler. 1987. A model for pattern formation on the shells of molluscs. *Journal of Theoretical Biology* 126:63–69.

Meister, T., R. Thenius, D. Kengyel, und T. Schmickl. 2013. Cooperation of two different swarms controlled by BEECLUST algorithm. In *Mathematical Models for the Living Systems and Life Sciences (ECAL)*, 1124–1125.

Melhuish, C., M. Wilson, und A. Sendova-Franks. 2001. Patch sorting: Multi-object clustering using minimalist robots. In *Advances in Artificial Life: 6th European Conference, ECAL*, Hrsg. J. Kelemen und P. Sosík, 543–552. Berlin: Springer. ► https://doi.org/10.1007/3-540-44811-X_62.

Merkle, D., M. Middendorf, und A. Scheidler. 2007. Swarm controlled emergence-designing an anti-clustering ant system. In *IEEE Swarm Intelligence Symposium*, 242–249. IEEE.

Meyer, B., M. Beekman, und A. Dussutour. 2008. Noise-induced adaptive decision-making in ant-foraging. In *Simulation of Adaptive Behavior (SAB)*. Lecture Notes in Computer Science, Bd. 5040. 415–425. Springer.

Michener, C.D. 1969. Comparative social behavior of bees. *Annual Review of Entomology* 14:299–342.

Milutinovic, D., und P. Lima. 2007. *Cells and robots: Modeling and control of large-size agent populations*. Berlin: Springer.

Moeslinger, C., T. Schmickl, und K. Crailsheim. 2011. A minimalist flocking algorithm for swarm robots. *Advances in Artificial Life: Darwin Meets von Neumann (ECAL'09)*. Lecture Notes in Computer Science, Bd. 5778. 357–382. Berlin: Springer.

Moioli, R., P.A. Vargas, und P. Husbands. 2010. Exploring the kuramoto model of coupled oscillators in minimally cognitive evolutionary robotics tasks. In *WCCI 2010 IEEE World Congress on Computational Intelligence – CEC IEEE*, 2483–2490.

Mondada, F., M. Bonani, A. Guignard, S. Magnenat, C. Studer, und D. Floreano. 2005. Superlinear physical performances in a SWARM-BOT. In *Proceedings the 8th European Conference on Artificial Life (ECAL)*. Lecture Notes in Computer Science, Bd. 3630. Hrsg. M.S. Capcarrere, 282–291. Berlin: Springer.

Mondada, F., M. Bonani, X. Raemy, J. Pugh, C. Cianci, A. Klaptocz, S. Magnenat, J.-C. Zufferey, D. Floreano, und A. Martinoli. 2009. The e-puck, a robot designed for education in engineering. In *Proceedings of the 9th Conference on Autonomous Robot Systems and Competitions*, Bd. 1. 59–65.

Mostaghim, S., und J. Teich. 2003. Strategies for finding good local guides in multi-objective particle swarm optimization (MOPSO). In *Proceedings of the IEEE Swarm Intelligence Symposium (SIS'03)*, 26–33. IEEE.

Napp, N., und R. Nagpal. 2014. Distributed amorphous ramp construction in unstructured environments. *Robotica* 32 (2): 279–290.

Nelson, A.L., G.J. Barlow, und L. Doitsidis. 2009. Fitness functions in evolutionary robotics: A survey and analysis. *Robotics and Autonomous Systems* 57:345–370.

Nembrini, J., A.F.T. Winfield, und C. Melhuish. 2002. Minimalist coherent swarming of wireless networked autonomous mobile robots. In *Proceedings of the seventh international conference on simulation of adaptive behavior on From animals to animats*, Hrsg. B. Hallam, D. Floreano, J. Hallam, G. Hayes, und J.-A. Meyer, 373–382. Cambridge: MIT Press.

Nicolis, S.C., und A. Dussutour. 2008. Self-organization, collective decision making and resource exploitation strategies in social insects. *The European Physical Journal B* 65:379–385.

Nolfi, S., und D. Floreano. 2000. *Evolutionary robotics: The biology, intelligence, and technology of self-organizing machines*. Cambridge: MIT Press.

Nouyan, S., A. Campo, und M. Dorigo. 2008. Path formation in a robot swarm: Self-organized strategies to find your way home. *Swarm Intelligence* 2 (1): 1–23.

Nouyan, S., R. Groß, M. Bonani, F. Mondada, und M. Dorigo. 2009. Teamwork in self-organized robot colonies. *Evolutionary Computation, IEEE Transactions on* 13 (4): 695–711.

Ohtani, T. 1992. Spatial distribution and age-specific thermal reaction of worker honeybees. *Humans and Nature* 1:11–26.

O'Keeffe, K.P., H. Hong, und S. H. Strogatz. 2017. Oscillators that sync and swarm. *Nature Communications* 8:1504.

Østergaard, E.H., G.S. Sukhatme, und M.J. Matarić. 2001. Emergent bucket brigading: A simple mechanisms for improving performance in multi-robot constrained-space foraging tasks. In *Proceedings of the fifth international conference on Autonomous agents (AGENTS'01)*, Hrsg. E. André, S. Sen, C. Frasson, und J. P. Müller, 29–35. New York: ACM. ▸ https://doi.org/10.1145/375735.375825.

Panait, L., und S. Luke. 2005. Cooperative multi-agent learning: The state of the art. *Autonomous Agents and Multi-Agent Systems* 11 (3): 387–434.

Papadimitriou, C.H. 2003. *Computational complexity*. Chichester: Wiley.

Payton, D., M. Daily, R. Estowski, M. Howard, und C. Lee. 2001. Pheromone robotics. *Autonomous Robots* 11 (3 & November): 319–324.

Peires, F.T. 1926. Tensile tests for cotton yarns. *Journal of the Textile Institute Transactions* 17 (7): 355–368.

Pini, G., A. Brutschy, M. Birattari, und M. Dorigo. 2009. Interference reduction through task partitioning in a robotic swarm. In *Sixth International Conference on Informatics in Control, Automation and Robotics–ICINCO*, 52–59.

Planck, M. 1917. Über einen Satz der statistischen Dynamik und seine Erweiterung in der Quantentheorie. *Sitzungsberichte der Preußischen Akademie der Wissenschaften* 24:324–341.

Polani, D. 2008. Foundations and formalizations of self-organization. In Hrsg *Advances in applied self-organizing systems*, Advanced Information and Knowledge Processing. Hrsg. M. Prokopenko. London: Springer.

Pólya, G., und F. Eggenberger. 1923. Über die Statistik verketteter Vorgänge. *Zeitschrift für Angewandte Mathematik und Mechanik* 3 (4): 279–289.

Press, W.H., S.A. Teukolsky, W.T. Vetterling, und B.P. Flannery. 2002. *Numerical recipes in C++*. Cambridge: Cambridge University Press

Prorok, A., N. Correll, und A. Martinoli. 2011. Multi-level spatial models for swarm-robotic systems. *The International Journal of Robotics Research* 30 (5): 574–589.

Raischel, F., F. Kun, und H.J. Herrmann. 2006. Fiber bundle models for composite materials. In *Conference on Damage in Composite Materials*.

Rauhut, H., und J. Lorenz. 2011. The wisdom of crowds in one mind: How individuals can simulate the knowledge of diverse societies to reach better decisions. *Journal of mathematical Psychology* 55 (2): 191–197.

Rechenberg, I. 1973. *Evolutionsstrategie. Optimierung technischer Systeme nach Prinzipien der biologischen Evolution*. Stuttgart: Frommann Holzboog.

Reina, A., M. Dorigo, und V. Trianni. 2014. Towards a cognitive design pattern for collective decision-making. In *Swarm Intelligence*. Lecture Notes in Computer Science, Bd. 8667. Hrsg. M. Dorigo, M. Birattari, S. Garnier, H. Hamann, M. Montes de Oca, C. Solnon, und T. Stützle, 194–205. Springer International Publishing. ▸ https://doi.org/10.1007/978-3-319-09952-1_17.

Reynolds, C.W. 1987. Flocks, herds, and schools. *Computer Graphics* 21 (4): 25–34.

Risken, H. 1984. *The fokker-planck equation*. Berlin: Springer.

Robson, S.K., und J.F.A. Traniello. 1998. Resource assessment, recruitment behavior, and organization of cooperative prey retrieval in the ant formica schaufussi (hymenoptera: Formicidae). *Journal of insect behavior* 11 (1): 1–22.

Rosenfeld, A., G.A. Kaminka, und S. Kraus. 2006. A study of scalability properties in robotic teams. In *Coordination of Large-Scale Multiagent Systems*, Hrsg. P. Scerri, R. Vincent, und R. Mailler, 27–51. Boston: Springer. ▸ https://doi.org/10.1007/0-387-27972-5_2.

Rubenstein, M., C. Ahler, und R. Nagpal. 2012. Kilobot: A low cost scalable robot system for collective behaviors. In *IEEE International Conference on Robotics and Automation (ICRA 2012)*, 3293–3298. ▸ https://doi.org/10.1109/ICRA.2012.6224638.

Rubenstein, M., A. Cornejo, und R. Nagpal. 2014. Programmable self-assembly in a thousand-robot swarm. *Science* 345 (6198): 795–799. ▸ https://doi.org/10.1126/science.1254295.

Russell, S.J., und P. Norvig. 1995. *Artificial intelligence: A modern approach*. London: Prentice Hall.

Sasaki, T., und S.C. Pratt. 2011. Emergence of group rationality from irrational individuals. *Behavioral Ecology* 22 (2): 276–281. ▸ https://doi.org/10.1093/beheco/arq198.

Sasaki, T., B. Granovskiy, R.P. Mann, D.J.T. Sumpter, und S.C. Pratt. 2013. Ant colonies outperform individuals when a sensory discrimination task is difficult but not when it is easy. *Proceedings of the National Academy of Sciences*

110 (34): 13769–13773. ► https://doi.org/10.1073/pnas.1304917110.

Scheidler, A. 2011. Dynamics of majority rule with differential latencies. *Physical Review E* 83 (3): 031116.

Schillo, M., K. Fischer, und C.T. Klein. 2000. The micro-macro link in DAI and sociology. In *Multi-agent-based simulation: Second international workshop, Boston, MA, USA (MABS. 2000),* volume 1979 of *Lecture notes in computer science,* Hrsg. S. Moss und P. Davidsson, 303–317. Berlin: Springer.

Schmelzer, J.W.P. 2006. *Nucleation theory and applications*. Weinheim: Wiley.

Schmickl, T. 2009. Schwarmintelligenz am Beispiel der Ameisenstraßen. *Denisia* 25:141–155.

Schmickl, T., und H. Hamann. 2011. BEECLUST: A swarm algorithm derived from honeybees. In *Bio-inspired Computing and Communication Networks*, Hrsg. Y. Xiao, 95–137. Boca Raton: CRC Press. (March)

Schmickl, T., und I. Karsai. 2018. Integral feedback control is at the core of task allocation and resilience of insect societies. *Proceedings of the National Academy of Sciences* 115 (52): 13180–13185. ► https://doi.org/10.1073/pnas.1807684115.

Schmickl, T., C. Möslinger, und K. Crailsheim. 2007. Collective perception in a robot swarm. In *Swarm Robotics – Second SAB 2006 International Workshop*, Bd. 4433, Hrsg. E. Şahin, W.M. Spears, und A.F.T. Winfield., Lecture Notes in Computer Science Berlin, Germany: Springer.

Schmickl, T., R. Thenius, C. Möslinger, G. Radspieler, S. Kernbach, und K. Crailsheim. 2008. Get in touch: Cooperative decision making based on robot-to-robot collisions. *Autonomous Agents and Multi-Agent Systems* 18 (1 & February): 133–155.

Schweitzer, F. 2003. *Brownian agents and active particles. On the emergence of complex behavior in the natural and social sciences*. Berlin: Springer.

Seeley, T.D. 1985. The information-center strategy of honeybee foraging. *Fortschritte der Zoologie* 31:75–90.

Seeley, T.D. 2002. When is self-organization used in biological systems? *Biological Bulletin* 202 (3): 314–318.

Seeley, T.D. 2013. Honigbienen: Im Mikrokosmos des Bienenstocks. Basel: Springer.

Sibly, R.M. 1983. Optimal group size is unstable. Animal Behaviour. ► https://doi.org/10.1016/S0003-3472(83)80250-4.

Silver, D., T. Hubert, J. Schrittwieser, I. Antonoglou, M. Lai, A. Guez, M. Lanctot, L. Sifre, D. Kumaran, T. Graepel, et al. 2017. Mastering chess and shogi by self-play with a general reinforcement learning algorithm. *arXiv preprint* arXiv:1712.01815.

von Smoluchowski, M. 1906. Zur kinetischen Theorie der Brownschen Molekularbewegung und der Suspensionen. *Annalen der Physik* 21:756–780.

Spann, M., und B. Skiera. 2009. Sports forecasting: A comparison of the forecast accuracy of prediction markets, betting odds and tipsters. *Journal of Forecasting* 28 (1): 55–72.

Steffan-Dewenter, I., und A. Kuhn. 2003. Honeybee foraging in differentially structured landscapes. *Proceedings of the Royal Society of London B: Biological Sciences* 270 (1515): 569–575.

Strogatz, S. H., D.M. Abrams, A. McRobie, B. Eckhardt, und E. Ott. 2005. Theoretical mechanics: Crowd synchrony on the millennium bridge. *Nature* 438 (7064): 43–44.

Sugawara, K., und M. Sno. 1997. Cooperative acceleration of task performance: Foraging behavior of interacting multi-robots system. *Physica D* 100:343–354.

Sugawara, K., T. Kazama, und T. Watanabe. 2004. Foraging behavior of interacting robots with virtual pheromone. In *Proceedings of 2004 IEEE/RSJ International Conference on Intelligent Robots and Systems*, 3074–3079. Los Alamitos: IEEE Press.

Sumpter, D. 2016. *Soccermatics: Mathematical adventures in the beautiful game*. London: Bloomsbury.

Surowiecki, J. 2004. *The wisdom of crowds: Why the many are smarter than the few and how collective wisdom shapes business*. London: Little, Brown.

Sutton, R.S., und A.G. Barto. 1998. *Reinforcement learning: An introduction*. Cambridge: MIT Press.

Sznajd-Weron, K., und J. Sznajd. 2000. Opinion evolution in closed community. *International Journal of Modern Physics C* 11 (6): 1157–1165.

Szopek, M., T. Schmickl, R. Thenius, G. Radspieler, und K. Crailsheim. 2013. Dynamics of collective decision making of honeybees in complex temperature fields. *PLoS ONE* 8 (10): e76250. ► https://doi.org/10.1371/journal.pone.0076250.

Theraulaz, G., und E. Bonabeau. 1995. Coordination in distributed building. *Science* 269:686–688.

Trianni, V. 2008. *Evolutionary swarm robotics – evolving self-organising behaviours in groups of autonomous robots*. Studies in Computational Intelligence, Bd. 108. Berlin: Springer.

Turgut, A., H. Çelikkanat, F. Gökçe, und E. Şahin. 2008. Self-organized flocking in mobile robot swarms. *Swarm Intelligence* 2 (2 & December): 97–120. ► https://doi.org/10.1007/s11721-008-0016-2.

Tyrrell, A., G. Auer, und C. Bettstetter. 2006. Fireflies as role models for synchronization in ad hoc networks. In *Proceedings of the 1st international conference on Bio-inspired models of network, information and computing systems*. ACM.

Valentini, G. 2017. *Achieving Consensus in Robot Swarms: Design and Analysis of Strategies for the best-of-n Problem*. Springer. ► https://doi.org/10.1007/978-3-319-53609-5.

Valentini, G., H. Hamann, und M. Dorigo. 2014. Self-organized collective decision making: The weighted voter model. In *Proceedings of the 13th International Conference on Autonomous Agents and Multiagent Systems (AAMAS 2014)*, Hrsg. A. Lomuscio, P. Scerri, A. Bazzan, und M. Huhns, 45–52. IFAAMAS.

Valentini, G., H. Hamann, und M. Dorigo. 2015a. Self-organized collective decisions in a robot swarm. In *AAAI-15 Video Proceedings*. AAAI Press. ► https://www.youtube.com/watch?v=5lz_HnOLBW4.

Valentini, G., H. Hamann, und M. Dorigo. 2015b. Efficient decision-making in a self-organizing robot swarm: On the speed versus accuracy trade-off. In *Proceedings of the 14th International Conference on Autonomous Agents and Multiagent Systems (AAMAS 2015)*, Hrsg. R. Bordini, E. Elkind, G. Weiss, und P. Yolum, 1305–1314. IFAAMAS. ► http://dl.acm.org/citation.cfm?id=2773319.

Valentini, G., D. Brambilla, H. Hamann, und M. Dorigo. 2016a. Collective perception of environmental features in a robot swarm. In *10th International Conference on Swarm Intelligence, ANTS 2016*. Lecture Notes in Computer Science, Bd. 9882. 65–76. Springer.

Valentini, G., E. Ferrante, H. Hamann, und M. Dorigo. 2016b. Collective decision with 100 Kilobots: Speed vs accuracy in binary discrimination problems. *Journal of Autonomous Agents and Multi-Agent Systems* 30 (3): 553–580. ► https://doi.org/10.1007/s10458-015-9323-3.

Valentini, G., E. Ferrante, und M. Dorigo. 2017. The best-of-n problem in robot swarms: Formalization, state of the art, and novel perspectives. *Frontiers in Robotics and AI* 4:9. ► https://doi.org/10.3389/frobt.2017.00009.

Vicsek, T., und A. Zafeiris. 2012. Collective motion. *Physics Reports* 517 (3–4 & August): 71–140.

Vicsek, T., A. Czirók, E. Ben-Jacob, I. Cohen, und O. Shochet. 1995. Novel type of phase transition in a system of self-driven particles. *Physical Review Letters* 6 (75 & August): 1226–1229.

Wahby, M., A. Weinhold, und H. Hamann. 2016. Revisiting BEECLUST: Aggregation of swarm robots with adaptiveness to different light settings. In *Proceedings of the 9th EAI International Conference on Bio-inspired Information and Communications Technologies (BICT 2015)*, 272–279. ICST. ► https://doi.org/10.4108/eai.3-12-2015.2262877.

Webb, B. 1998. Robots, crickets and ants: Models of neural control of chemotaxis and phonotaxis. *Neural Networks* 11:1479–1496.

Webb, B. 2001. Can robots make good models of biological behaviour? *Behavioral and Brain Sciences* 24:1033–1050.

Wells, H., P.H. Wells, und P. Cook. 1990. The importance of overwinter aggregation for reproductive success of monarch butterflies (*danaus plexippus l.*). *Journal of Theoretical Biology* 147 (1): 115 – 131. ► https://doi.org/10.1016/S0022-5193(05)80255-3.

Werfel, J., K. Petersen, und R. Nagpal. 2014. Designing collective behavior in a termite-inspired robot construction team. *Science* 343 (6172): 754–758. ► https://doi.org/10.1126/science.1245842.

Wilson, E.O. 2000. *Sociobiology*. Cambridge: Harvard University Press.

Witten, J.T.A., und L.M. Sander. 1981. Diffusion-limited aggregation, a kinetic critical phenomenon. *Physical Review Letters* 47 (19): 1400–1403. ► https://doi.org/10.1103/PhysRevLett.47.1400.

Wolpert, D.H., und W.G. Macready. 1997. No free lunch theorems for optimization. *IEEE Transactions on Evolutionary Computation* 1 (1): 67–82.

Yang, C.N. 1952. The spontaneous magnetization of a two-dimensional Ising model. *Physical Review*, 85 (5): 808–816. ► https://doi.org/10.1103/PhysRev.85.808.

Yates, C.A., R. Erban, C. Escudero, I.D. Couzin, J. Buhl, I.G. Kevrekidis, P.K. Maini, und D.J.T. Sumpter. 2009. Inherent noise can facilitate coherence in collective swarm motion. *Proceedings of the National Academy of Sciences* 106 (14): 5464–5469. ► https://doi.org/10.1073/pnas.0811195106.

Sachverzeichnis

I

J

K

L

M

N

O

P

Q

R

S

T

U

V